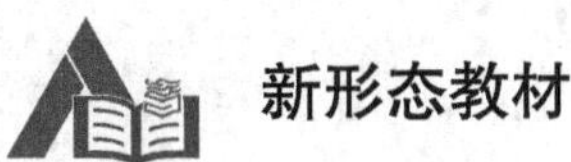

新形态教材

生物制品生产实训

主　编　梅艳珍　戴亦军

编　者　戴传超　戴亦军　梅艳珍　魏　华

中国教育出版传媒集团

高等教育出版社·北京

图书在版编目（CIP）数据

生物制品生产实训 / 梅艳珍，戴亦军主编．-- 北京：高等教育出版社，2022.5

ISBN 978-7-04-058587-2

Ⅰ．①生… Ⅱ．①梅… ②戴… Ⅲ．①生物制品－生产工艺－高等学校－教材 Ⅳ．① TQ464

中国版本图书馆 CIP 数据核字（2022）第 063488 号

SHENGWU ZHIPIN SHENGCHAN SHIXUN

策划编辑 高新景　　责任编辑 高新景　　封面设计 李小璐　　责任印制 赵义民

出版发行 高等教育出版社
社　　址 北京市西城区德外大街4号
邮政编码 100120
印　　刷 北京中科印刷有限公司
开　　本 787mm×1092mm 1/16
印　　张 11.25
字　　数 250 千字
购书热线 010-58581118
咨询电话 400-810-0598

网　　址 http://www.hep.edu.cn
http://www.hep.com.cn
网上订购 http://www.hepmall.com.cn
http://www.hepmall.com
http://www.hepmall.cn

版　　次 2022 年 5 月第 1 版
印　　次 2022 年 5 月第 1 次印刷
定　　价 25.00元

本书如有缺页、倒页、脱页等质量问题，请到所购图书销售部门联系调换

物 料 号 58587-00

数字课程（基础版）

生物制品生产实训

主编　梅艳珍　戴亦军

登录方法：

1. 电脑访问 http://abook.hep.com.cn/58587，或手机扫描下方二维码、下载并安装 Abook 应用。
2. 注册并登录，进入“我的课程”。
3. 输入封底数字课程账号（20 位密码，刮开涂层可见），或通过 Abook 应用扫描封底数字课程账号二维码，完成课程绑定。
4. 点击“进入学习”，开始本数字课程的学习。

课程绑定后一年为数字课程使用有效期。如有使用问题，请点击页面右下角的“自动答疑”按钮。

生物制品生产实训

本数字课程配合《生物制品生产实训》教材使用，整合多项教学资源，包括实训视频、彩图、教学课件等，以更好地呈现实训课程的丰富内容。

用户名：　密码：　验证码：　5360　忘记密码？　登录　注册

http://abook.hep.com.cn/58587

扫描二维码，下载Abook应用

前　言

根据《生物技术专业本科教学质量国家标准》中的定义，生物技术是生物学领域一个新兴的、综合性的本科专业，是以理为主、以工为辅、理工复合型专业，培养应用型人才及创新性人才。同时本标准强调了生物技术专业的实践性特点。生物技术是一门承上启下的专业，上接生物科学、下连生物工程，是将基础理论成果转化为具有应用价值的技术和产品的枢纽和桥梁。教育部在《生物技术专业规范》中指出，生物技术专业教育的发展与生物技术产业的发展密不可分，人才培养目标与规格具有突出的实践性特点，在专业课程体系的设置中，将生产实践列为综合实践教育课程的首要内容。当前，大多数高校的生物技术专业是从生物科学理学专业演变而来的，在教学上沿袭了生物科学专业的教学思路，学生存在四方面的不足：①相关学科知识的拓展和运用不足，学生理论联系实践的能力欠缺；②学生普遍缺乏项目化的组织能力和合作能力，因为学生实验大多数是个体操作实验，学生的岗位意识和团队合作意识淡薄；③传统的单元实验操作相对简单，涉及的危害因素较少或危害面较小，导致在实际生产中学生安全生产意识淡薄；④综合创新能力相对较弱，难以做到对现有生产技术路线及微生物细胞做出合理的改进或创新。因而，高校生物技术专业培养出来的学生与工业化生产及技术进步对实践人才的需求还存在一定的差距。 此外，由于学生的生产实践经验欠缺，创新性不足，大多数生产企业不愿意提供给学生亲身上岗实践的机会，学生到企业的学习主要是以“见习”或“参观”的方式开展，这种方式不利于学生综合实践能力及创新能力的培养。

“生物制品生产实训”是针对理学专业本科人才培养存在实践性及创新性不足这一问题而开设的一门新课，是涉及微生物学、生物化学、分子生物学、合成生物学、发酵工程与设备的一门交叉学科。它既与生物学、工程学密切相关，又涉及自动控制、合成生物学等理论与技术。本课程由传统的单元实验课程转变为综合化、产品化、模拟工厂化、细胞工厂设计的实训课程。结合数年的实训教学经验，我们认为实践教学应贯穿理论知识、综合创新、实验技能、生产实践及应用的连续性与一体化，教学内容设计应把握六个原则：①强化生产实训的安全教育；②建立小型实验与工厂化“实训”的联系与区别，加强单元操作间的衔接，保证实训的系统性和连贯性；③重视学生实践能力、岗位责任意识和团队协作能力的培养；④加强生产实训课程与微生物学、分子生物学、合成生物学、发酵工程、分析化学等课程的相互联系；⑤构建细胞工厂及功能基因研究的基本思想和体系，将创新与传统的发酵工艺设计有效结合；⑥建立多样化考核体系，包括专业基础知识评价、操作过程评价、团队协作能力评价等。基于以上教学理念，我们编写了《生物制品生产实训》教材。

本书根据教学规律设计了五大部分的系统实训，这些实训在原理和技术上具有知识的相关性和连续性，同时还设置了备选实训内容，便于实训课程教学的有效开展。各章自成体系，又保持有机的联系，特别是第四、五章的细胞工厂设计，可用前三章相关的设备、技术及方法进行放大，有效地培养了学生将前沿技术、基础理论、合成代谢调控有机地结合起来，培养学生的创新能力、综合拓展能力和应用实践能力，此外还培养了学生团队合作、交流、组织协调能力。

本书的编写得到了“江苏高校优势学科建设工程”项目和南京师范大学教改项目的资助。同时，本书也得到了南京师范大学及校外专家老师的大力协助，在此一并表示感谢。由于编者水平有限及时间仓促，错误之处在所难免，希望本书的编写和出版为我们和国内同行交流建立一个平台，期盼广大学生和教师提出批评与建议。

编 者

2021 年 7 月于南京师范大学

目　　录

第一章

酿酒酵母发酵生产啤酒

啤酒是以麦芽为主要原料，先制成麦汁，添加酒花，再用酿酒酵母发酵而制成的一种酿造酒。啤酒营养丰富，酒精含量较低，素有“液体面包”之称，被确定为营养食品之一，也是世界上产量最大的酒种。啤酒的种类多样，可根据酵母的种类、啤酒色泽、是否灭菌等划分。上面发酵啤酒与下面发酵啤酒是按酵母性质不同而划分的，上面发酵啤酒经上面酵母发酵而制成，目前仅少数国家生产此类啤酒，且产量逐步下降。国际上有名的上面发酵啤酒有淡色爱尔啤酒、浓色爱尔啤酒、司陶特黑啤酒、波特黑啤酒等。传统的下面发酵啤酒经下面酵母发酵制成。世界上多数国家采用下面发酵配制啤酒，我国啤酒厂均生产下面发酵啤酒。根据啤酒色泽可划分为淡色啤酒、浓色啤酒和黑色啤酒。淡色啤酒色度值一般在 5 ~ 14 EBC（European Brewing Convention，欧洲酿造协会），色泽较浅，是啤酒中产量最大的一种；浓色啤酒色度值一般在 15 ~ 40 EBC，呈红棕色或红褐色，麦芽香味突出，口味醇厚，苦味较轻；黑色啤酒色度值一般在 50 ~ 130 EBC，多呈红褐色乃至黑褐色，其特点是原麦汁浓度较高，麦芽香味突出，口味醇厚，泡沫细腻。根据啤酒是否经过灭菌可划分为鲜啤酒和熟啤酒。啤酒包装后不经过巴氏消毒的，称为鲜啤酒或生啤酒。鲜啤酒是采用现代高新技术如微孔薄膜过滤技术，实现啤酒的除菌过滤，然后按无菌要求进行瓶装，不需灭菌。啤酒包装后，经过巴氏消毒者，称为熟啤酒或杀菌啤酒。它可以保存较长时间，多为瓶装或罐装。根据原麦汁浓度不同可划分为低浓度啤酒、中浓度啤酒和高浓度啤酒。低浓度啤酒的原麦汁浓度在 2.5 ~ 8 波美度，乙醇含量也较低，为 0.8% ~ 2.2%；中浓度啤酒的原麦汁浓度为 9 ~ 12 波美度，乙醇含量为 2.5% ~ 3.5%，几乎都是淡色啤酒，我国多为此类型；高浓度啤酒的原麦汁浓度在 13 ~ 22 波美度，乙醇含量为 3.6% ~ 5.5%，多为浓色啤酒。此外，如干啤酒、无醇啤酒也成为近年来新的啤酒类型。

啤酒发酵主要有圆柱露天锥形发酵罐发酵、连续发酵和高浓稀释发酵等方式，目前主要采用圆柱露天锥形发酵罐发酵。其主要工艺过程包括啤酒酿造的原料辅料准备、麦芽制备、麦芽汁制备、啤酒主发酵、啤酒酿造过程分析与质量控制等。本实训的总体目标旨在通过学习啤酒生产的工艺流程，初步掌握主要工序的操作过程及主要工艺条件控制，了解主要糖化设备、过滤设备、煮沸设备等工作原理，掌握啤酒发酵控制技术及产品质量检测，培养学生理论联系实际的能力、学科知识综合应用能力、岗位意识和团队合作意识、实践能力等，并强化安全生产教育，使学生掌握生物科学与技术的基础理论和基本技能，具有创新思维和较宽的学科视野，能够从事创新型科学研究工作，以及运用所掌握的专业知识和技能，在现代生物技术产业及相关领域从事生产、质控、检测、管理等工作。

第一节　实训场地卫生、安全、设备简介

任务一：实训场地卫生清扫与安全教育

【实训目的】

1. 养成良好的卫生习惯。
2. 了解大型设备的安全操作规范。

【实训原理】

安全生产原理是从生产管理的共性出发，对生产过程进行科学的分析、综合、抽象与概括所得出的生产管理规律，包括各级安全管理人员、安全防护设备与设施、安全管理规章制度、安全生产操作规范和规程，以及安全生产管理信息等。安全生产管理工作以预防为主，通过有效的管理和技术手段，减少和防止人的不安全行为和物的不安全状态，在可能发生人身伤害、设备或设施损坏和环境破坏的场合，事先采取措施，防止事故发生，如在本实训中蒸汽、消毒等环节的使用原理及规范。高压灭菌时利用蒸汽发生器产生蒸汽，随着压力不断增加，温度随之升高，灭菌器内温度可达121℃，需维持15～30 min，可杀灭包括芽胞在内的所有微生物。消毒是用物理的、化学的或生物的方法杀灭病原微生物，其主要原理是通过分子碰撞原理，使微生物蛋白质变性、发生沉淀，常见的消毒剂有酚类、强碱类、醇类等，这类消毒剂的作用特点是杀菌、杀病毒无选择性，可损害一切生命物质，此类消毒剂仅可用于空室、环境消毒。氧化剂类则通过氧化还原反应损害细菌酶的活性，竞争或非竞争性地同酶结合，抑制酶的活性，引起菌体死亡，高浓度时具一定毒性，也可用于空室消毒。

实训场地的环境卫生有相应规范要求。啤酒厂卫生规范需符合中华人民共和国国家标准《啤酒生产卫生规范》【GB 8952–1988】，大米、麦芽等粮食类原料需符合中华人民共和国国家标准《粮食卫生标准》【GB 2715–2005】的规定；生产用水的水质需符合中华人民共和国国家标准《生活饮用水卫生标准》【GB 5749–2006】的规定。

【实训材料与器材】

啤酒生产成套设备，手套，口罩，脚套，扫把，抹布，拖布等。

【实训操作】

1. 学生在教师的指导下，了解啤酒生产成套设备的连接线路、动力柜各设备、蒸汽

发生器与糖化锅、糊化锅及煮沸锅、水路与各设备、制冷线路及发酵罐的连接及控制原理等，熟练掌握实验过程中的关键环节及安全操作规范。

2. 以水代替物料，试运行啤酒生产设备，并对设备及场地进行卫生清理。实训教师讲解安全问题，学生熟记。

3. 实训人员按制冷车间、动力车间、制麦车间、发酵车间等分配，每组指定一名小组长负责，如表 1–1；各人员在实训过程中的值班分工如表 1–2。

4. 学习附录 1：啤酒生产实训安全制度。

表 1–1　实训学生名单及岗位设置

部门名称	岗位名称	学号	姓名
制冷车间	主任		
	工段长		
动力车间	主任		
	工段长		
制麦车间	主任		
	工段长		
发酵车间	主任		
	工段长		
过滤车间	主任		
	工段长		
质检车间	主任		
	工段长		
包装车间	主任		
	工段长		
销售部	经理		
	仓库主管		
	接待主管		
	财务主管		

表 1–2　岗位分工汇总表

日期	工段	岗位负责人	08：00—20：00	20：00—08：00	备注

任务二：认识啤酒生产设备

【实训目的】

1. 认识啤酒生产相关设备及每个设备在啤酒生产中的作用。

2. 能绘出主要设备的结构；能绘制啤酒生产过程中各设备（麦汁制备设备、蒸汽设备、冷却设备、发酵设备等）的工艺过程图，理解各设备的相互关系。

3. 强调学生使用设备时的安全注意事项。

【实训原理】

啤酒发酵过程主要包括麦芽制备、麦芽糖化、过滤、煮沸、冷却，前发酵及后发酵。其基本原理是麦芽汁冷却后，加入酵母，输送到发酵罐中进行前发酵。前发酵主要是利用酵母将麦芽汁中的麦芽糖转变成酒精（即酵母的无氧呼吸作用），后发酵主要是产生一些风味物质，排除啤酒中的异味，并促进啤酒的成熟。

啤酒糖化设备主要由糖化锅、糊化锅、过滤槽、煮沸锅、旋沉槽、酒花添加设备等组成。糖化系统中各锅 / 槽的主体部分全部由国际标准的优质 304 不锈钢材料制成，采用现代化的自动等离子、激光线切割和纯氩气气体保护焊接等制造技术，锅 / 槽主体内部与麦醪等物料接触的部分全部镜面抛光处理，外部磨砂抛光处理。其主要工艺过程控制原理如图 1–1 所示，分别为：①啤酒从原料到产品的生产线，所制备的麦芽经粉碎机粉碎后，转移至糖化锅或糊化锅糖化，然后将糖化醪泵入过滤槽，去除麦糟后的麦芽汁泵入煮沸锅，灭菌后转移至旋沉槽再次去除煮沸过程中产生的不溶物或蛋白质等沉淀，最后泵入发酵罐。②高温蒸汽设备线路，打开蒸汽发生器与自来水的联通开关，蒸汽主要由蒸汽发生器产生，蒸汽线路连接糖化锅、糊化锅和煮沸锅。③消毒设备线路，消毒线路主要连接旋沉槽、种子罐、发酵罐及线路。④制冷设备线路，制冷设备主要由制冷机及冰水罐组成，通过管道连接至发酵罐，从发酵罐底部进入夹套，从发酵罐上端回流至冰水罐。⑤动力柜控制线路，动力柜控制麦汁制备及发酵的整个过程。啤酒生产过程中的主要设备介绍如下：

- **糖化锅、糊化锅**

糖化锅是使麦芽粉与水混合，并保持一定温度和时间使蛋白质分解和淀粉糖化（包括糊化醪）的设备，如图 1–2 所示。糖化锅的结构与糊化锅的结构相同。糖化锅锅身为圆柱形，锅底为球缺形或椭球形夹层，顶盖为蝶形。糊化锅的上部有排气筒和筒形风帽，锅内装有搅拌器，锅底有加热装置，锅的外部有保温层。锅身和锅顶一般选用不锈钢板，可保证啤酒的质量。传统的糖化锅没有加热装置，靠糊化醪液的温度使糖化醪升温，现代的糖化锅同糊化锅一样，也设有加热管，夹层加热。加热夹套内底宜选用紫铜板，因为紫铜板传热效果好，也可选用不锈钢板。糖化锅的搅拌装置也与糊化锅相同，糖化锅的搅拌器多采用二叶旋桨式，旋转角可选 45° 或 60°，产生轴向推力可促使醪液循环和混合良好。

- **过滤槽**

过滤槽也称平板筛板过滤槽，它是一种常压过滤设备，如图 1–3 所示。过滤槽为圆柱形平底容器，在其平底上方有一层与平底平行的过滤筛板。过滤筛板上分布条形筛孔，整

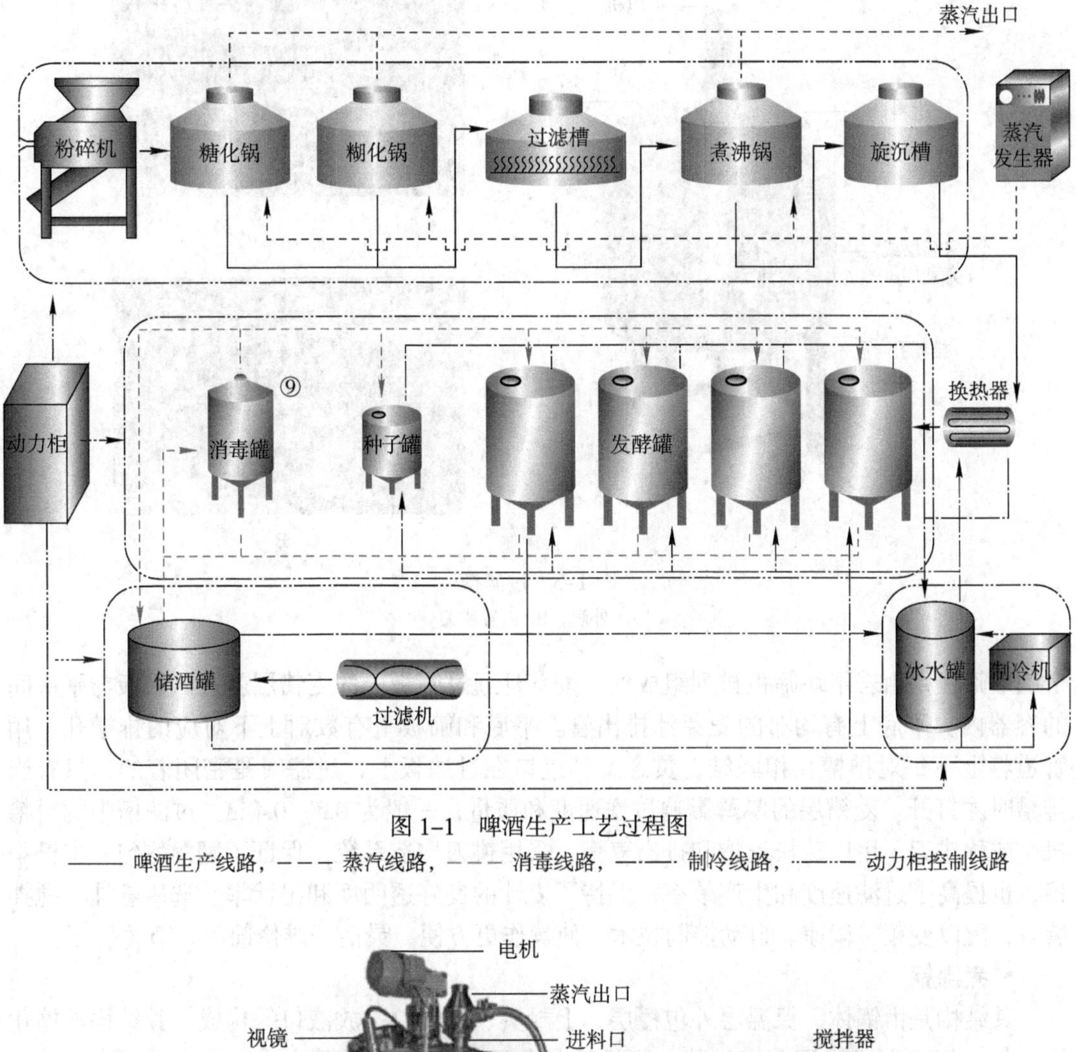

蒸汽出口
粉碎机
糖化锅
糊化锅
过滤槽
煮沸锅
旋沉槽
蒸汽
发生器
动力柜
⑨
消毒罐
种子罐
发酵罐
换热器
储酒罐
过滤机
冰水罐
制冷机

图 1-1　啤酒生产工艺过程图

—— 啤酒生产线路，- - - 蒸汽线路，- - - 消毒线路，-·-·- 制冷线路，-··-·· 动力柜控制线路

电机
蒸汽出口
视镜
进料口
搅拌器
保温层或
夹套层
蒸汽进口
A
B

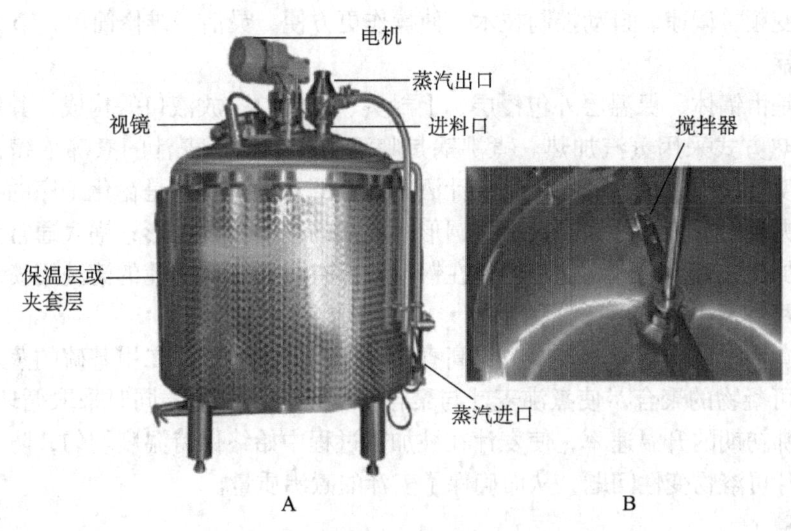

图 1-2　糖化锅

A. 外观；B. 内置搅拌器

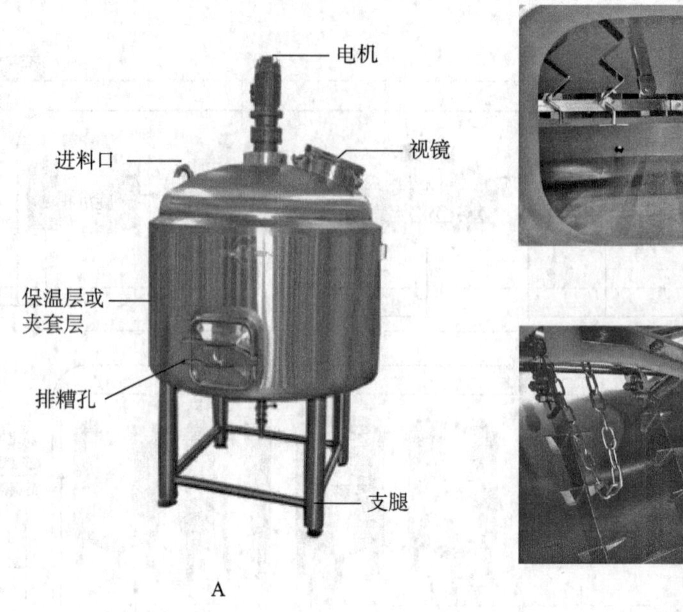

A

B

图 1–3 过滤槽

A. 外观；B. 内置耕刀

个圆形筛板是由若干块筛板排列组成的。麦芽汁通过筛板上的麦糟层就进入筛板与平底间的容器内。平底上有均布的麦芽汁排出管。平底和筛板上有数对上下对应的排糟孔，用管道将上下每对排糟孔相联结、贯通，其进口在过滤板上，过滤时是密闭着的，只有当排糟时才打开。麦糟层的厚薄影响过滤速度和质量，一般为 0.3 ~ 0.4 m。过滤槽中的耕糟机（或称耕刀）用以疏松麦糟和排出麦糟。采用耕刀构造系统，保证了翻槽均匀、出槽平稳，也提高了过滤速度和生产效率，保持了麦汁的良好透明度和出汁率。选用悬挂、搅拌装置，配以变频、调速、自动控制技术，使操作更方便、灵活，维修简单，节约费用。

• **煮沸锅**

其结构是由锅体、保温层外包覆层、上封头、进液口、放液口等构成，其结构与糖化锅类似，加热方式采用蒸汽加热。煮沸锅是啤酒生产中用于麦汁的煮沸浓缩，使麦汁达到一定的浓度，并通过加入酒花带给麦汁酒花香气的一种设备，是糖化工序的主要设备之一，常用带夹套的蒸汽煮沸锅。夹套式圆形煮沸锅的锅身为圆柱形，锅底通常为椭圆形夹层，夹层有加热装置。锅内有搅拌器，在锅身上部有一圈开有小孔的清洗用喷水管，在锅顶上部开有两个人孔拉门。

应用夹套蒸汽煮沸、增压技术，提高煮沸强度，大大增加了二甲基硫的蒸发效果，促进蛋白质等可凝物的聚合，使煮沸麦汁与聚合物实现快速分离。同时采取循环混合技术，加速麦汁煮沸初期的升温速率，使麦汁在被加热过程中始终保持温度均匀，防止局部过热区域带来麦汁可溶物变性问题，从而确保了麦汁的煮沸质量。

• **旋沉槽**

旋沉槽是用麦汁泵将热麦汁以较高的线速度沿糟圆柱体的切线方向泵入槽内，以形成一个快速旋转的漩涡。在漩涡中心的一个倒锥形液体旋转区域内，密度大于液体的颗粒物质都会快速沉积于槽中心，即在漩涡中心区内形成堆积。按照最佳的单位过滤面积上的麦

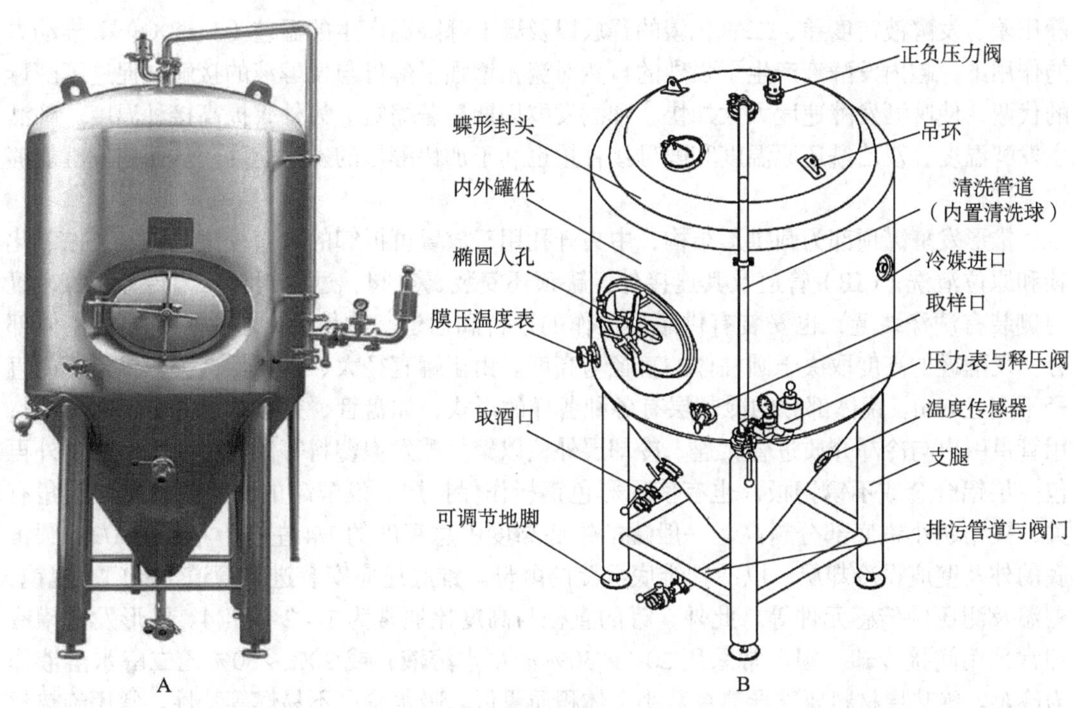

图 1–4　锥形发酵罐
A. 外观；B. 结构示意图

糟存积量设计，放大槽体径高比，降低旋沉速度，促进凝固物的沉降和凝聚，实现最佳分离。配以热凝固物储罐，可以提高麦汁收得率，还能减少环境污染。旋沉槽凝固物的沉淀速度快，而且凝固物的堆积较自然沉淀的方式结实。因强烈的漩涡造成向下的回旋沉降远比自然沉降快，同时回旋时有一种向下的向心力，可以压实沉淀泥，故采用漩涡沉淀可以大大缩短沉淀时间，沉渣层也较自然沉降结实，麦汁损失也少。由于漩涡沉淀都在90～95℃的温度范围内进行，故麦汁黏度低，热凝固物易与液体分离沉降，还可以使用酒花颗粒或粉碎酒花，因而不必使用酒花分离器。

• **锥形发酵罐**

本实训采用锥形发酵罐。圆柱锥形发酵罐是目前世界通用的发酵罐，罐体设有冷却和保温装置，为全封闭发酵罐，如图 1–4 所示。圆柱锥形发酵罐既适用于下面发酵，也适用于上面发酵。锥形罐发酵法的特点包括：底部为锥形，便于生产过程中随时排放酵母，可采用凝聚性酵母；罐本身具有冷却装置，便于发酵温度的控制，生产容易控制，发酵周期短，染菌机会少，啤酒质量稳定；罐体外设有保温装置，可将罐体置于室外，减少建筑投资，节省占地面积，便于扩建；采用密闭罐，发酵可在一定压力下进行。既可做发酵罐，也可做贮酒罐，也可将发酵和贮酒合二为一，故称为一罐发酵法。

锥形罐发酵法发酵周期短、发酵速度快，是锥形罐内发酵液的流体力学特性和现代啤酒发酵技术相结合的结果。接种酵母后，由于酵母的凝聚作用，使得罐底部酵母的细胞密度增大，导致发酵速度加快，发酵过程中产生的二氧化碳量增多，同时由于发酵液的液柱高度产生的静压作用，也使二氧化碳含量随液层变化而呈梯度变化，因此罐内发酵液的密度也呈现梯度变化。此外，锥形罐体外设有冷却装置，可以人为控制发酵各阶段温度。在静压差、发酵液密度差、二氧化碳的释放以及罐上部降温产生的温差（1～2℃）等推动力的作用下，罐内发酵液产生了强烈的自然对流，增强了酵母与发酵液的接触，促进了酵母的代谢，使啤酒发酵速度大大加快，啤酒发酵周期显著缩短。另外，提高接种温度、啤酒主发酵温度、双乙酰还原温度和酵母接种量也利于加快酵母的发酵速度，从而使发酵能够快速进行。

锥形发酵罐顶部为圆拱形结构，中央开孔用于放置可拆卸的大直径法兰以安装二氧化碳和原位清洗（CIP）管道及其连接件，罐顶还安装真空阀、过压阀和压力传感器等，罐内侧装有洗涤装置，也安装有供罐顶操作的平台和通道。罐体为圆柱体，是罐的主体部分。发酵罐的高度取决于圆柱体的直径与高度。由于罐直径大、耐压低，一般锥形罐的直径不超过 6 m。罐体部分的冷却层有各种各样的形式，如盘管、夹套式，并分成 2～3 段，用管道引出与冷却介质进管相连，冷却层外覆以聚氨酯发泡塑料等保温材料，保温层外再包一层铝合金或不锈钢板，也有使用彩色钢板作保护层。发酵罐的圆锥底高度与夹角有关，夹角越小锥底部分越高。一般罐的锥底高度占总高度的 1/4 左右，不超过 1/3。圆锥底的外及壁应设冷却层，以冷却锥底沉淀的酵母。锥底还应安装进出管道、阀门、视镜、测温及测压的传感元件等。此外，罐的直径与高度比通常为 1∶2～1∶4。锥形发酵罐冷却常采用间接冷却。国内常采用 20%～30% 酒精水溶液，或 20%～30% 乙二醇水溶液作为冷媒。绝热层材料要求导热系数小、体积质量低、吸水少、不易燃等特性。常用绝热材料有聚酰胺树脂、自熄式聚苯乙烯塑料、聚氨基甲酸乙酯、膨胀珍珠岩粉和矿渣棉等。绝热层厚度一般为 150～200 mm。外保护层一般采用 0.7～1.5 mm 厚的铝合金板、马口铁板或 0.5～0.7 mm 的不锈钢板。发酵产生一定的二氧化碳形成罐顶压力（罐压），罐顶设有安全阀，可根据设定的压力值调节罐顶压力。当二氧化碳排出、出酒速度过快、发酵罐洗涤时等都会造成罐内出现负压，因此必须安装真空阀。出酒前要用二氧化碳或压缩空气背压，避免罐内负压的产生，造成发酵罐“瘪罐”。

【实训材料与器材】

自来水，啤酒生产成套设备等。

【实训操作】

1. 连接相关管路，用水代替物料，试运行啤酒生产设备动力柜与糖化锅、糊化锅、过滤槽、煮沸锅、旋沉槽等设备，熟练掌握各开关阀门的使用。

2. 打开自来水开关，关闭糖化锅各出口，水进入糖化锅。

3. 关闭自来水，打开糖化锅控制泵，可将糖化锅中的水泵入糊化锅和过滤槽。

4. 打开蒸汽发生器之前，将蒸汽发生器下端出口打开排污，再开启开关，检查各连接设备，确保处于微开状态，以免造成危险。

5. 配制 20%～30% 乙二醇制冷液，熟练使用制冷设备。

注意：切记不可空泵运行。

【实训记录与思考】

1. 绘制啤酒生产设备管路结构简图。

2. 总结各设备使用关键点。

任务三：发酵设备的灭菌与消毒

【实训目的】

1. 掌握生产设备的原位清洗（CIP）与消毒方法及操作。
2. 熟记灭菌过程中的安全注意事项。

【实训原理】

在啤酒生产中卫生管理至关重要。生产环节中清洗和消毒杀菌不严格所带来的直接后果是：轻度污染使啤酒口感差，保鲜期短，质量低劣；严重污染可使啤酒酸败和报废。

（1）发酵大罐的微生物控制　啤酒发酵是纯粹酿酒酵母发酵，发酵过程中有害微生物的污染是通过麦汁冷却操作、输送管道、阀门、接种酵母、发酵空罐等途径传播的，而发酵空罐则是最大的污染源。因此，必须对啤酒发酵罐进行洗涤及消毒杀菌。

（2）杀菌剂的选择　设备、方法、杀菌剂对大罐洗涤质量起着决定作用，而选择经济、高效、安全的消毒杀菌剂则是关键。我国大多数啤酒厂所采用的杀菌剂有二氧化氯（ClO_2）、双氧水、过氧乙酸、甲醛等，使用效果最好的是 ClO_2。

（3）洗涤方法的选择

① 清水—碱水—清水　这种方法是比较原始的洗涤方法，目前在中小型啤酒厂中使用较多，虽然洗涤成本低，但不能充分杀死所有微生物，而且会对啤酒口感带来影响。也有采用甲醛定期洗涤杀菌，但并不安全。

② 清水—碱水—清水—消毒剂（ClO_2、过氧乙酸、双氧水）　一般认为上述三种消毒剂最终分解产物无毒副作用，洗涤后不必冲洗。采用此种方法的厂家较多，其啤酒质量特别是口感、保鲜期会比第一种方法提高一个档次。

③ 清水—碱水—清水—消毒剂—无菌水　有的厂家认为这种方法对微生物控制比较安全，又可避免万一消毒剂残留而带来的副作用，但如果无菌水细菌控制不合格也会带来大罐重复污染。

④ 清水—稀酸—清水—碱水—清水—消毒剂—无菌水　此种方法被认为是比较理想的洗涤方法。通过对长期使用的大罐内壁的检查，可发现黏附有由草酸钙、磷酸钙和有机物组成的啤酒石，先用稀酸（磷酸、硝酸、硫酸）除去啤酒石，再进行洗涤和消毒杀菌，这样会对啤酒质量有利。

消毒设备如图 1–5 所示，用来盛装双氧水和二氧化氯或其他消毒液，可连接发酵罐，对发酵罐进行消毒。

（4）其他因素对发酵罐洗涤的影响

① CIP 系统的设计　特别是管道角度、洗涤罐的容量及分布、洗涤水的回收方法等，都会对洗涤杀菌产生影响。有些采用带压回收洗涤水，压力过高会使洗涤水喷射产生阻力而影响洗涤效果。

② 洗涤器　通常选择喷射角度完全、不容易堵塞的万向洗涤器，定期拆开发酵罐顶

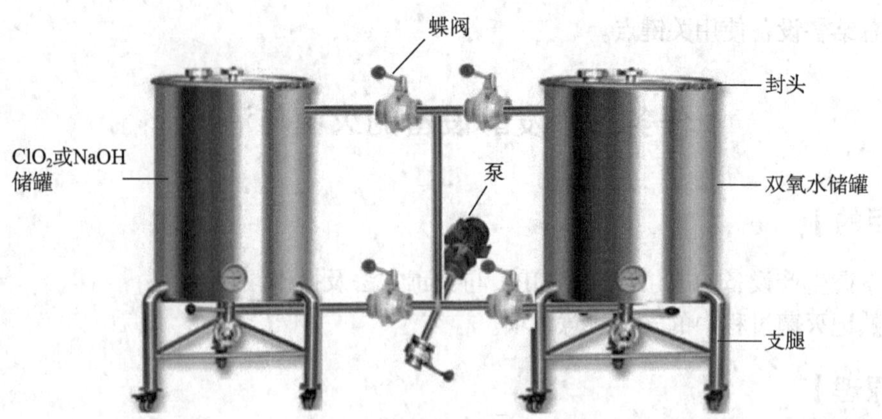

图 1–5　啤酒发酵罐消毒设备

盖对洗涤器进行检查，以免洗涤器因异物而堵塞。

③ 洗涤泵及压力　如果泵的压力过小，洗涤液喷射无力，会在大罐内壁留下死角，洗涤的压力一般应控制在 0.25 ~ 0.4 MPa。

④ 发酵罐内壁　有的发酵罐内壁采用环氧树脂或 T541 涂料防腐，使用一段时间后会起泡或脱落，如果不及时检查维修，就会在这些死角藏有细菌而污染啤酒。

⑤ 洗涤时间　一般清水冲洗每次 15 ~ 20 min，碱洗时间在 20 min，杀菌时间在 20 ~ 30 min，总时间控制在 90 ~ 100 min 是比较理想的。

⑥ 微生物检测方法　发酵罐洗涤完毕后放净水，关闭底阀数分钟，然后再打开，用无菌试管或无菌三角瓶在火焰上取样，在 30 ~ 37 ℃作无菌平皿培养 24 h 或厌氧菌培养 7 d，观察有无微生物生长。

【实训材料与器材】

啤酒生产成套设备，NaOH，H_2O_2。

【实训操作】

1. 找出设备及管道的死角，注意设备清洗与灭菌的要求。
2. 配制消毒液　5% NaOH 溶液、3% H_2O_2 溶液。
3. 打开蒸汽，采用蒸汽对煮沸锅及相连的管道设备进行灭菌。
4. CIP 清洗与消毒操作　连接消毒车与发酵罐之间的管道，做到“上进下出自回流”，其消毒顺序为：清水（30 min）—碱水（30 min）—清水（30 min）—双氧水（30 min）。

注意：拧紧管道接口与发酵罐接口处的螺帽，以防因压力大而造成消毒液喷出。

【实训记录与思考】

记录设备灭菌与消毒的注意事项。

第二节　原料的准备

任务一：认识啤酒生产原料

【实训目的】

1. 了解啤酒生产原料。
2. 了解各原料的作用及主要成分。

【实训原理】

啤酒原料即酿造啤酒所使用的原料，主要由水、麦芽、酒花、酵母组成。为了降低啤酒的蛋白质含量，延长啤酒的保质期，改善啤酒的风味以及降低生产成本，啤酒厂经常掺入部分未发芽的大米或其他谷类代替麦芽作为辅助原料，也有用淀粉或各种糖类，如蔗糖等。

（1）水　在啤酒中水占 90% 左右。酿造用水的质量好坏直接影响到啤酒的质量与风味。啤酒酿造用水是指糖化用水和洗涤麦糟用水，这两部分水直接参与工艺反应。水是啤酒的主要成分，在麦汁制备以及发酵过程中，许多物理变化、酶反应、生物化学和微生物学的变化都与水质直接有关。

（2）麦芽　大麦芽是酿造啤酒的主要原料，麦芽的成分和质量直接影响啤酒的风味和质量。如今啤酒种类日趋多样化，不同的啤酒应添加一些特别的麦芽，以突出该产品的典型特征，这些麦芽称为特种麦芽。特种麦芽一般分为小麦麦芽、焦香麦芽和黑麦芽等。小麦麦芽一般色度不高，酶活力较强，主要用来调节麦汁的性质，一般只掺用 5%～10%，以提高啤酒的醇厚性和泡沫性能。焦香麦芽的外观微黄至深黄，有强烈的焦香气味。焦香麦芽酶活力很微弱或没有，色度值在 40～140 EBC，多用于制造中等浓色啤酒，能增进啤酒的醇厚性，给予一种焦糖和麦芽香味，并有利于改善啤酒的酒体、泡沫性和非生物稳定性，使用量一般为啤酒原料的 3%～15%。黑麦芽多用于酿造深度浓色啤酒和黑啤酒，以增加啤酒色度和焦苦味，使用量一般为啤酒原料的 5%～15%。

麦芽的感官检验

色泽　浅色麦芽应为淡黄有光泽。发霉的麦芽呈绿色、黑色或红斑色。

香味　浅色麦芽有麦芽香味，深色麦芽不仅有麦芽香还应有焦香味，不能出现异味。

粒状　麦粒完整、均匀；麦根除尽、破粒少；无霉、无虫；不含杂质。

夹杂物　麦芽应除根干净，不含杂草、谷粒、尘埃、枯草、半粒、霉粒和损伤粒等杂物。

麦芽的物理特性

千粒重　麦芽溶解越完全，千粒质量越低。可衡量其溶解程度；一般不高于 30 ~ 40 g/千粒。

相对密度　麦芽的相对密度由麦芽的松软程度决定，相对密度越小，说明麦芽干燥和溶解状况越好，反之，为溶解不好。相对密度可用沉浮试验反映，沉降粒 < 10% 为优；10% ~ 25% 为良好；25% ~ 50% 为基本满意；> 50% 为不良。

麦芽的化学特性

后续麦芽制备将说明部分化学指标。

（3）酒花　学名蛇麻，又叫啤酒花。酒花的重要作用在于赋予啤酒爽口的苦味和愉快的香味，增加啤酒的泡持性和防腐能力；酒花与麦汁共同煮沸，能促进蛋白质凝固，有利于麦汁的澄清，有利于啤酒的非生物稳定性。常选用新鲜、无氧化及杂味的高质量颗粒酒花。每次开封后未用完的酒花或制品应尽量恢复包装，避免与氧接触，并放入冰箱保存，开封后的酒花制品使用不应超过一个月。

（4）酿酒酵母　酵母的种类和质量不同将影响酵母的发酵和成品啤酒的质量。酵母营养丰富，蛋白质含量达 50%，酵母多糖达 25% ~ 30%，还含有丰富的维生素和矿物质。酿酒酵母不仅含有丰富的营养和具有提高人体免疫力之功能，而且还具有增香、增鲜、调味之功效。

（5）大米　大米淀粉含量高于其他谷类，蛋白质含量低。用大米代替部分麦芽，不仅麦汁浸出率高，而且可以改善啤酒风味，降低啤酒的色泽及成本。啤酒厂大米的用量一般在 1/3 ~ 1/5。

（6）小麦芽　一般色度不高，酶活力较强，主要用来调节麦汁的性质，一般只掺用 5% ~ 10%，以提高啤酒的醇厚性和泡沫性能。

（7）玉米　玉米淀粉的性质与大麦淀粉大致相同。但玉米胚芽含油脂较多，影响啤酒的泡持性和风味。除去胚芽，就能除去大部分的玉米油。脱胚玉米的脂肪含量不应超过 1%。以玉米为辅助原料酿造的啤酒，口味醇厚。玉米为国际上用量最多的辅助原料。

（8）糖类　大都在产糖地区应用，一般使用量为原料的 10% ~ 20%。添加的种类主要有蔗糖、葡萄糖、转化糖、糖浆等。

在啤酒的质量控制中，对啤酒原料的用料考究是十分重要的。想要酿造出营养丰富、口味新鲜、外观怡人的啤酒，选择优质的啤酒原料是必要的。

【实训材料与器材】

大麦，麦芽，酿酒酵母，酒花等。

【实训操作】

1. 从色泽、香味、粒状、夹杂物等感官及千粒重检验各麦芽的差异。
2. 比较不同啤酒所用原料的差异。

【实训记录与思考】

记录不同麦芽的差异，按任务一“实训原理”的标准文件判断其是否符合质量要求。

任务二：大麦的浸渍

【实训目的】

1. 了解大麦浸渍的目的和原理。
2. 掌握大麦浸渍的方法及浸麦度的测定方法。

【实训原理】

大麦经精选分级后，在一定条件下用水浸渍，使其达到合适浸麦度，这一过程即为浸麦。浸麦的目的是：①使大麦吸收适当的水分，达到工艺规定的浸麦度，满足发芽要求，有利于产酶和物质溶解；②将精选大麦进行清洗、杀菌，避免将杂质带入后续工序；③通过浸麦过程分离有害物质，主要是分离麦壳中发芽抑制剂、酚类物质、苦味物质等。浸麦的方法多种多样，有间歇浸麦法、湿浸法、喷洒法等。间歇浸麦法指大麦每浸渍一段时间后，即断水，使麦粒与空气接触，浸水和断水期间均需通风供氧。浸渍后的大麦达到适当的浸麦度，工艺上即进入发芽阶段。

水的吸收可以分为三个阶段：①浸麦 6 ~ 10 h，吸水迅速，水分总量的 60% 在此时被吸收，主要是细胞的水分势起作用，干湿部分由前沿隔开，水分到达部位立即吸水膨胀，其含水量随时间成正比；②从 10 ~ 20 h，麦粒吸水速度很慢，几乎停止，主要是膨胀压起作用，麦粒吸收了一定量的水分后，细胞的水分势变小，细胞的膨胀压增大，当膨胀到一定程度时，细胞的水分势就趋于零，吸水过程也就停止；③浸麦 20 h 后，随着水分的吸收，麦粒内部的高分子物质就有一部分溶解，使细胞的溶质浓度增加，从而导致吸水速度又增加，此阶段的吸水特点是缓慢、均匀。大麦吸水的条件是水与大麦之间存在水分势。水分势是水的能量状态的一种表现。纯水的水分势规定为零。细胞的水分势即细胞与水的结合能力。影响大麦吸水速度的因素包括：①浸麦水温，8 ~ 16℃为宜，最高不超过 20℃；②麦粒大小，麦粒小吸水快，麦粒大吸水慢；③含氮量，蛋白质含量越高吸水越慢，蛋白质含量低吸水快；④麦粒的胚乳状态，麦粒中粉状粒含量高吸水快，反之则吸水慢。

为了防腐、催芽和有效地浸出谷皮中的有害成分，常添加石灰，一般在洗麦后加入浸麦水中，通风搅拌促进氧化钙溶解与混合。大麦的发芽通常加入少量的赤霉素，它是一种良好的催芽剂，可提高麦芽的溶解度和酶含量，加速发芽，缩短制麦周期。大麦浸渍后所含水分的百分数通常用浸麦度来表示：

$$\text{浸麦度}=\frac{(\text{大麦浸后的质量}-\text{取样质量})+\text{原大麦水分质量}}{\text{大麦浸后的质量}}\times 100\%$$

一般浅色麦芽的浸麦度为 41% ~ 44%，浓色麦芽的浸表度为 45% ~ 48%。

生产中检查浸麦度的方法是看手感，浸麦度适宜的大麦握在手中较软且有弹性。如果水分不够，则硬而弹性小；如果浸麦过度，手感过软且无弹性。用手指捻开胚乳，浸渍适中的大麦具有省力、润滑的感觉，中心尚有一白点，皮壳易脱离。浸渍不足的大麦，皮壳不易剥下，胚乳白点过大。浸渍过度的大麦，胚乳呈泥浆状，微黄色。观察浸渍大麦的发芽率。发芽率表示麦粒开始萌发而露出根芽的麦粒颗数占总麦粒颗粒的百分数，检测方法是：在浸麦槽中任取浸渍大麦200～300粒，分开发芽和未发芽麦粒，计算出发芽率，重复测定2～3次，求其平均值。发芽率70%以上为浸渍良好，优良大麦一般超过70%。

【实训材料与器材】

大麦，3%次氯酸钠，石灰，赤霉素，浸麦槽，恒温恒湿培养箱，电子天平，500 mL烧杯，纱布等。

【实训操作】

1. 洗麦　称取大麦100 g，用3%次氯酸钠浸泡10 min，杀灭表面微生物，然后用去离子水清洗3遍。

2. 浸麦　可采用间歇浸麦法或喷淋浸麦法，通常采用的浸麦方法是浸渍、断水法与喷淋法的结合，即在断水期间适当地喷淋一些水，以保持麦层表面的湿润。

间歇浸麦法

在浸麦过程中，麦粒有时在水中，有时暴露在空气中，反复数次，直至达到要求的浸麦度。无论是浸水还是断水，每小时都要通风10～20 min，其操作方法如下：

（1）浸麦槽先放入12～16℃的清水，将精选大麦称量好，把浸麦度测定器放入浸麦槽，边投麦，边进水，边用压缩空气通风搅拌，使浮麦和杂质浮在水面与污水一道从侧方溢流槽排除。不断通过槽底上清水，待水清为止，然后按每立方米水加入1.3 kg生石灰的浓度加入石灰乳；

（2）浸渍4 h后放水，断水4 h，此后“浸四断四”交替进行；

（3）浸渍时每1 h通风一次，每次10～20 min；

（4）断水期间每小时通风10～15 min；

（5）浸麦度达到要求，发芽率达70%以上时，浸麦结束，即可下麦至发芽箱。此时应注意浸麦度与发芽率的一致性，如发芽率滞后应延长断水时间，反之应延长浸水时间。

喷淋浸麦法

此法是浸麦断水期间用水雾对麦粒淋洗，既能提供氧气和水分，又可带走麦粒呼吸产生的热量和放出的二氧化碳。由于水雾含氧量高，通风供氧效果明显，因此可显著缩短浸麦时间，还可节省浸麦用水，其操作方法如下：

（1）洗麦同浸麦法，然后浸水2～4 h，每隔1～2 h通风10～20 min；

（2）断水喷雾8～12 h，每隔1～2 h通风10～20 min（最好每1 h通风10 min）；

（3）浸水2 h，通风一次10 min；

（4）再断水喷雾8～12 h，直至达到浸麦度，停止喷淋，控水2 h后出槽；

（5）在最后一次浸麦水中，每千克大麦添加赤霉素0.1～0.5 mg。

3. 测定浸麦度。

4. 计算发芽率。

【实训记录与思考】

1. 测定浸麦度和发芽率。
2. 影响浸麦度高低的因素有哪些?

任务三：大麦的发芽

【实训目的】

1. 了解大麦发芽的原理。
2. 了解大麦发芽的操作条件及控制。

【实训原理】

浸麦后，麦粒吸水膨胀，体积约增加 1/4，浸麦后期，绝大部分麦粒露出根芽白点，至发芽终止，根芽长度为麦粒长的 1.5 ~ 2 倍。大麦发芽的目的包括：一是通过发芽使所含的酶释放，并将其激活；二是通过发芽过程生成新酶；三是通过发芽过程使麦粒内含物质溶解、分解以及胚乳结构发生改变。

大麦发芽可形成各种酶类，并使原来存在于大麦中的非活化酶得到活化和增长，与酿造关系较大的酶类有淀粉酶、蛋白酶、半纤维素酶、磷酸酯酶、氧化还原酶等。同时使麦粒中的高分子物质（淀粉、蛋白质、半纤维素）得到部分溶解，以利于糖化。

淀粉的变化　淀粉在发芽期间的变化趋势是淀粉链逐渐变短，直链淀粉比例增加，并生成部分低糖和糊精。发芽期间由于呼吸作用，淀粉被消耗一部分。

蛋白质的变化　在发芽过程中，部分蛋白质受蛋白酶的作用而分解为低分子量肽类和氨基酸。这些分解产物被输送到胚部，合成根芽、叶芽中的蛋白质。蛋白质分解要适当，若分解不足，其结果是浸出物收得率低，啤酒口味不醇和，而且容易产生蛋白质混浊；若分解过度，则发酵时会引起酵母早衰、酒味淡、泡沫性差。

库尔巴哈值是反映麦芽蛋白质溶解情况的一项重要指标，指麦芽中总可溶性氮与麦芽总氮的比值。库尔巴哈值偏低，麦芽溶解度较差，蛋白质组分控制失常，酶活力偏低，麦汁混浊、过滤困难，并且罐装后的成品酒容易出现早期混浊；而库尔巴哈值偏高时，同样破坏了蛋白质组分的正常比例，容易造成酵母衰老、啤酒口味淡薄，泡沫性能较差。

$$\text{库尔巴哈值} = \frac{\text{麦汁总可溶性氮（g/100g 无水麦芽）}}{\text{总氮（g/100g 无水麦芽）}} \times 100\%$$

此值一般在 35% ~ 45%，以 38% ~ 42% 为最佳。

半纤维素的变化　发芽期间胚乳细胞壁的半纤维素在半纤维素酶的作用下，从靠近胚的部分开始分解，逐渐扩大至整个胚乳，使麦粒得到溶解。胚乳半纤维素主要成分是 β- 葡聚糖，此物质的水溶液黏度极高。该物质发芽时在 β- 葡聚糖酶的作用下进行分解，降低 70% ~ 90%。这样就可以降低浸出物的黏度，有利于麦芽的溶解和麦汁的过滤。

脂肪的变化　发芽时，脂肪损失 20% ~ 30%，其中一部分在呼吸时被氧化而消耗；另一部分则在脂肪酶的作用下分解为甘油和脂肪酸。绝大部分脂肪最终残留在麦糟中。

多酚物质的变化　与发芽条件和麦芽中多酚物质的含量有关，发芽水分愈大，温度愈高，麦层中 CO_2 含量愈高，则多酚中的单宁和花色苷的含量也愈高。多酚物质的浸出率和麦芽溶解度是平行的。

维生素的变化　发芽时，维生素发生显著变化，如维生素 B_2 发芽后增长 3 倍；烟酸发芽后略有增长；泛酸发芽后增长 40%～50%；维生素 E 略有下降。

无机盐的变化　发芽后无机盐含量稍有降低，原因是部分转移至根芽而被除去，部分易溶成分在浸麦时被浸出。

大麦发芽期间各种水解酶把胚乳中复杂的高分子物质分解为简单的可溶性低分子物质。这些低分子物质一部分供麦粒呼吸消耗用，一部分供根芽和叶芽生长用，大部分残留在胚乳中，作为糖化时的浸出物，未被分解的部分大多为淀粉，留待糖化时进一步分解。大麦发芽可在发芽箱或发芽室中进行。

发芽室　高度为 3.2～3.5 m，天棚应当光滑并做成弯形，墙壁应有绝热层，墙壁和地面抹水泥或铺瓷砖，防潮，便于清洗，保持清洁。

发芽箱为长方形，长宽比为（4～6）：1。从金属假底开始有 1 m 多高，假底到底的距离为 40～60 cm，箱底有一定的倾斜度。发芽箱用砖砌成，箱体表面和内壁用水泥抹平磨光。假底筛板一般用钢板或合金板，厚度 2～3 mm，筛孔尺寸为（1.5～2.5）mm × 20 mm，孔眼方向与翻麦机走动方向垂直。翻麦机前进的速度一般为 0.4～0.6 m/min，搅拌螺旋的转速为 8～9 r/min。发芽箱中麦芽的堆积高度对于 10 吨 / 箱可取 0.6～0.7 m，对于大型发芽箱可取 0.8～1.1 m。

绿麦芽的质量要求如下：

（1）感观　有新鲜味，无霉味及异味，握在手中有弹性、松软感。

（2）发芽率　应在 90% 以上。

（3）叶芽伸长度　浅色麦芽叶芽伸长度为麦粒长度在 2/3～3/4 的占 75% 以上，浓色麦芽叶芽伸长度为麦粒长度在 3/4～4/5 的占 75% 以上。

（4）胚乳性状　将麦皮剥开，用拇指和食指搓磨胚乳，易碎而且润滑细腻为好；如果带黏性、不均匀、粗硬、有浆水则为溶解不良。

【实训材料与器材】

大麦，发芽箱等。

【实训操作】

1. 水分　浸渍好的大麦带水送入发芽箱后，立即摊平，在发芽过程中，为了保持发芽期间麦皮表面湿润，防止水分的丢失，应保持发芽间的相对湿度维持在 90% 以上。

2. 温度条件　发芽的最佳温度一般为淡色麦芽 13～18℃，浓色麦芽 18～21℃。生产上控制发芽温度以不超过 20℃为宜。温度低，发芽周期长；温度高，麦粒呼吸旺盛，生长过快，造成溶解不均匀，物质消耗多，容易霉烂。

3. 空气（氧气）条件　开始发芽时，应供给麦粒新鲜的空气，同时排出 CO_2，保证麦粒正常的呼吸作用。到了后期，麦层中应保留适当数量的 CO_2，控制麦粒的呼吸强度，使麦粒内部的物质变化缓慢进行。这样做的好处是胚乳溶解均匀，降低呼吸强度，减少呼吸损失。生产上，在发芽后期，大多通过使用不同比例的回风来控制麦层中留有适当量的 CO_2，以控制麦粒的呼吸强度。

4. 光线条件　发芽室一般不安窗户，日光照射会促进叶绿素的形成，有损啤酒的风味。

5. 发芽时间为 96 h，发芽温度为 16℃，湿度为 90% 以上，发芽 24 h 和 48 h 补水至绿麦芽水分达到 45%，12 h 翻一次麦。最后一天应停止通风和翻拌，使麦芽的根芽萎凋。

【实训记录与思考】

1. 如何评价发芽质量。
2. 浸麦度高低对发芽过程与麦芽质量有何影响？
3. 影响大麦发芽过程的三大要素是什么，如何控制优化？

任务四：麦芽的干燥及除根

【实训目的】

1. 理解麦芽干燥及除根的原理及方法。
2. 了解麦芽干燥设备。

【实训原理】

麦芽干燥可使绿麦芽的生长和酶的分解作用停止，去除绿麦芽的生青味，赋予麦芽特有的色香味，便于除根和储藏。麦芽在干燥过程中发生着物理化学变化，如水分、容量、质量、色泽和香味等发生一系列变化。麦芽干燥可分为萎凋过程和焙焦过程，麦芽水分发生较大变化。

萎凋过程　麦层温度上升至 30 ~ 35℃，水分质量分数可降至 10% 左右。浅色麦芽要求保存多量的酶活力，而不希望麦粒内容物过分溶解，因此要求通风量更大一些，温度更低一些，水分下降更快一些，浓色麦芽则相反。

焙焦过程　浅色麦芽水分质量分数由 10% 降至 3.5% ~ 4.5%，浓色麦芽水分质量分数由 10% 降至 1.5% ~ 2.5%。绿麦芽色泽为 1.8 ~ 2.5 EBC，浅色麦芽色泽为 2.3 ~ 4.0 EBC，浓色麦芽为 9.5 ~ 21 EBC。

麦芽的香味与色泽是相关的，干燥温度越高，色泽越深，香味也越浓。一般 100 kg 精选大麦浸渍发芽干燥后可制成 83 kg 左右干麦芽。

在干燥过程中，随着温度的上升和水分的下降，各种酶的活性均有不同程度的降低。半纤维素酶在超过 60℃时，酶活性就迅速降低，经过干燥酶活力仅保存 40% 左右。淀粉酶在干燥以前，酶的作用很活跃，当超过 70℃时活力就迅速下降。浅色麦芽的糖化力残存 60% ~ 80%，浓色麦芽糖化力残存 30% ~ 50%。麦芽糖酶在干燥后残存 90% ~ 95% 活性。蛋白酶在干燥前期继续增长，而后迅速降低。浅色麦芽残存 80% ~ 90%，浓色麦芽残存 30% ~ 40%。淀粉、半纤维素、含氮物质、类黑精、二甲基硫等在此过程中发生了变化。

淀粉和含氮物质的分解与温度和水分都有关系。不同的水分含量有一个界限温度，低于界限温度便不分解（表 1–3）。浅色麦芽的干燥工艺采取的是低温、大风量、去水速度快的工艺，阻碍了淀粉和含氮物质的水解作用，分解较少。浓色麦芽则采取高温、小风量、去水速度慢的工艺，故会有较多的物质分解。

表 1–3　麦芽所含水分与淀粉及含氮物质分解温度数据表

麦芽水分质量分数 /%	淀粉分解界限温度 /℃	含氮物质分解界限温度 /℃
43	25	23
34	30	26
24	30	40
15	不再产生分解产物	50

萎凋阶段，在半纤维素酶的作用下，β– 葡聚糖和戊聚糖将继续分解，产生低分子量物质，使麦汁黏度下降。所以经过干燥 β– 葡聚糖和戊聚糖的含量有所下降。类黑精是一类由还原糖与氨基酸及简单的含氮物质在较高的温度下反应形成的氨基糖，具有色泽和香味。形成类黑精的水分不低于 5%，最适温度在 100 ~ 110℃。类黑精的性质：①是一类棕褐色物质，具有着色力和香味；②是一类还原性胶体物质；③部分为不溶性物质，部分是可溶性的不发酵的物质；④水溶液呈酸性。当升温至焙焦温度时，花色苷含量增加，焙焦温度越高，总多酚物质和花色苷含量越高，但聚合指数（即总多酚物质与花色苷的比值）下降。多酚物质氧化后，与氨基酸经聚合和缩合作用也可形成类黑精。二甲基硫（DMS）是对啤酒的风味有影响的物质。它的前体物质在发芽时就已形成，不耐热，易受热分解，产生 DMS。在焙焦过程中，绿麦芽中的前体物质的性质发生了变化，这种变化后的前体物质在发酵期间可被酵母吸收代谢产生 DMS。啤酒中的硫化物主要来自含硫氨基酸及糖化用水。要减少硫化物的生成，就要控制制麦过程，不能溶解过度。

干燥麦芽除根的原因是麦根易吸水，带根不利于储藏。麦根中含有苦涩味物质、色素及蛋白质，对啤酒的风味、色泽和非生物稳定性不利。除根应在麦芽干燥出炉后立即进行，以不超过 8 h 为宜，以免吸湿后不易除尽。除根的过程同时起到冷却的作用，对于减少昆虫的侵扰，防止色泽和风味的变化，避免酶活性降低是有利的。

麦芽脆度仪可对烘烤后的麦芽进行质量控制，对麦芽生产过程中的不正常部分及时分析和修正，以避免发生不必要的质量问题。麦芽脆度的测定原理：将 50 g 的麦芽放置在一个圆形筛鼓中，通过一个具有一定压力的橡皮滚轮与旋转的筛鼓可以将易碎的麦芽和麦皮压碎后从筛孔中掉下，玻璃质及硬的麦芽或半粒就留在筛鼓内，8 min 后将未压破的部分称其总质量，计算脆度。

$$脆度 = (50-P)/P \times 100\%$$

式中，P 为筛鼓内残留物质量（g）。

【实训材料与器材】

烘箱，脆度仪，磁盘，电子天平等。

【实训操作】

1. 干燥　将发好的绿麦芽放入烘箱进行干燥，55℃（12 h）→65℃（3 h）→75℃（3 h）→85℃（2 h）；浅色麦芽焙焦温度一般控制在 80～85℃，时间为 2～2.5 h；浓色麦芽焙焦温度一般控制在 95～105℃，时间为 2～2.5 h。

2. 除根　把烘好的麦芽拿出烘箱进行除根，缓慢除根，边除根边冷却。

【实训记录与思考】

1. 测定麦芽脆度　利用脆度仪测定麦芽的脆度，检测时将一定的麦芽倒入脆度仪中，使麦芽在胶轮和转动的筛鼓之间发生轻微的摩擦，检测的结果以脆度值表示。

2. 计算制麦损失

$$麦芽制成率=\frac{制成干麦芽量（kg）\times[1-干麦芽水分质量分数（\%）]}{精选大麦投料量（kg）\times[1-精选大麦水分质量分数（\%）]}\times 100\%$$

$$制麦损失率=（1-麦芽制成率）\times 100\%$$

3. 为什么说麦芽干燥是制麦过程中非常关键的一步？

4. 麦芽干燥可分为哪几个过程，各有什么变化？

5. 麦芽脆度仪的使用注意事项有哪些？

任务五：麦芽质量评定

【实训目的】

1. 通过对麦芽主要质量指标的测定，以达到综合应用各种分析方法的目的，综合训练食品分析的基本技能，掌握食品分析的基本原理和方法。

2. 根据实验任务学会选择正确的分析方法以及合理安排实验的顺序和实验时间。

3. 正确应用直接干燥法、碘量法、凯氏定氮法、茚三酮比色法及折光法、密度瓶法等基本技术，学会正确分析实验影响因素。

【实训原理】

麦芽是麦芽厂和啤酒厂麦芽车间的产品，同时又是酿造啤酒的主要原料，麦芽的质量直接影响啤酒的质量。而麦芽质量的好坏主要由水分、糖化力、蛋白质含量、蛋白质溶解度及 α- 氨基氮等指标决定。本实验根据麦芽的主要质量指标，要求分析下列任务：麦芽水分含量、麦芽渗出率、麦芽糖化力、麦芽蛋白质含量、麦芽蛋白质溶解度、麦芽 α- 氨基氮含量。

1. 麦芽水分含量

麦芽水分是麦芽质量控制指标之一。水分大，则会影响麦芽的浸出率，质量要求麦芽使用时水分质量分数 < 5%。常用直接干燥法，其原理是：在一定的温度（95 ~ 105℃）和压力（常压）下，将样品放在烘箱中加热干燥，除去蒸发的水分，干燥前后的质量之差即为样品的水分含量。

2. 麦芽渗出率

麦芽渗出率与大麦品种、气候和生长条件、制麦方法有关，质量要求优良麦芽无水浸出率为 76% 以上，常用方法有密度瓶法、折光法，可根据麦芽汁相对密度查得的麦芽汁中浸出物的质量百分数计算渗出率，或根据麦芽汁折光锤度（质量分数）直接初算渗出率。

3. 麦芽糖化力

麦芽糖化力是指麦芽中淀粉酶水解淀粉成为含有醛基的单糖或双糖的能力。它是麦芽质量的主要指标之一，质量要求良好的淡色麦芽糖化力为 250 WK 以上，次品为 150 WK 以下。麦芽糖化力的测定常用碘量法，其原理是：麦芽中淀粉酶解成含有自由醛基的单糖或双糖后，醛糖在碱性碘液中定量氧化为相反的羧酸，剩余的碘酸化后，以淀粉作指示剂，用硫代硫酸钠滴定，同时做空白试验，从而计算麦芽糖化力。

4. 麦芽蛋白质（总氮）含量

麦芽蛋白质含量一般为 8% ~ 11%（干物质），采用 Brandford 蛋白质含量测定法。

5. 麦芽 α- 氨基氮含量

麦芽 α- 氨基氮含量是极为重要的质量指标。部颁标准规定良好的麦芽每 100 g 无水麦芽含 α- 氨基酸为 135 ~ 150 mg；大于 150 mg 为优，小于 120 mg 为不佳。在啤酒行业中常用茚三酮比色法和 EBC 2,4,6- 三硝基苯磺酸测定法（简称 TNBS 法），推荐茚三酮比色法，具体原理为：茚三酮能使 α- 氨基酸脱羧氧化，生成 CO_2、氨和比原来氨基酸少一个碳原子的醛，还原茚三酮再与氨和未还原茚三酮反应，生成蓝紫色缩合物，产生的颜色深浅与游离 α- 氨基氮含量成正比，在波长 570 nm 处有最大的吸光度值，可用比色法测定。

【实训材料与器材】

1. 蛋白质含量测定试剂

牛血清蛋白，氯化钠。

2. 糖化力测定试剂

（1）硫代硫酸钠标准溶液（0.1 mol/L） 称 12.5 g $Na_2S_2O_3 \cdot 5H_2O$ 于 250 mL 烧杯中，用新煮沸且已放冷的蒸馏水溶解后，移入 500 mL 棕色瓶中，加入 0.1 g Na_2CO_3，用上述蒸馏水稀释至 500 mL，摇匀，放暗处 7 ~ 14 d 后备用。

（2）pH 4.3 乙酸 – 乙酸钠缓冲溶液 称取 30 g 分析纯乙酸用蒸馏水稀释至 1 000 mL，另称取 34 g 分析纯乙酸钠（$CH_3COONa \cdot 3H_2O$）溶于蒸馏水中并稀释至 500 mL。将两溶液混合，其 pH 为 4.3 ± 0.1。

（3）氢氧化钠溶液（1 mol/L） 称取 40 g 氢氧化钠，用水溶解至 1 000 mL。

（4）硫酸溶液（1 mol/L） 量取 28 mL 浓硫酸，缓缓倒入适量水中并稀释至 1 000 mL，冷却，摇匀。

（5）碘溶液（0.1 mol/L） 称取 13 g 碘及 35 g 碘化钾，溶于 100 mL 水中并稀至

1 000 mL，摇匀，保存于棕色具塞瓶中。

（6）可溶性淀粉（分析纯）。

3. α-氨基酸测定试剂

（1）茚三酮显色剂　称取 100 g 磷酸氢二钠（$Na_2HPO_4 \cdot 12H_2O$）、60 g 磷酸二氢钾（KH_2PO_4）、50 g 水合茚三酮和 3 g 果糖，用水溶解后稀释至 1 000 mL（此溶液在低温下用棕色瓶可保存 2 周，pH 应为 6.6～6.8）。

（2）碘酸钾稀释液　称取 2 g 碘酸钾溶于 600 mL 水中，再加入 95% 乙醇 400 mL，混匀。

（3）甘氨酸标准溶液　准确称取干燥的甘氨酸 0.20 g 于烧杯中，先用少量水溶解后，定量转入 100 mL 容量瓶中，用蒸馏水稀释至刻度线，摇匀，0℃贮藏。使用时按要求稀释，此液为 200 mg/L α-甘氨酸标准溶液。

4. 仪器

鼓风恒温干燥箱，分析天平，干燥器，称重皿，恒温水浴锅及电动搅拌器，硬质烧杯，容量瓶，分光光度计，阿贝折光仪，密度瓶，粉碎机等。

【实训操作】

（一）样品处理

1. 麦芽粉的制备

按取样法先取少量样品倒入粉碎机中，用以洗涤粉碎机，然后倒入样品进行粉碎，使用 60 目筛过筛，使细粉含量达 90% 以上。如表皮不能一次磨成细粉，需反复粉碎，直至达到要求。供分析水分、总氮含量用。

2. 麦芽渗出液的制备

（1）称取粉碎麦芽样 20.00 g（深色麦芽为 40.00 g），置于已知质量的搪瓷杯或硬质烧杯中，加蒸馏水 480 mL。

（2）于 40℃水浴中，在 40℃恒温下搅拌 1 h（搅拌机转速为 1 000 r/min）。

（3）取出渗出杯，冷却至室温，补充水使其内容物质量为 520.0 g（深色麦芽为 540.0 g）。

（4）搅拌均匀后，以双层干燥滤纸过滤，弃去最初滤出的 100 mL 滤液，返回重滤，重滤后，滤液为麦芽渗出液，供分析糖化力用。

3. 协定法麦芽汁的制备

（1）称取粉碎麦芽样 50.0 g 放入已知质量的糖化杯中，加入 200 mL 蒸馏水（一般为 46～47℃），使混合后恰好达到 45℃，保温 30 min。

（2）以 1℃/min 的速度升温，在 25 min 内升至 70℃，此时于杯内加入 100 mL 70℃水。

（3）在 70℃保温 1 h 后冲洗搅拌器，取出糖化杯，在 10～15 min 内冷却到室温。

（4）擦干杯壁水分，补加水准确使其内容物质量为 450 g。

（5）搅拌均匀后，以双层干燥纸过滤，最初滤出的 100 mL 滤液反回重滤，滤液为协定法麦汁，供分析相对密度、可溶性固形物、可溶性氮、α-氨基氮等用。

（二）测定方法

1. 直接干燥法测定麦芽水分含量

（1）称取粉碎麦芽约 5 g，称量准确至 0.001 g，放入已称至恒重的称重皿中，迅速盖好皿盖。

（2）将称重皿置于干燥箱中，将盖取下，在 105 ~ 107℃下干燥 3 h。

（3）趁热将称重皿盖好，取出，置干燥器中冷却半小时后称重。再重复烘半小时，冷却称重到恒重（如两次称重相差在 2 mg 以内，即作为恒重）。

（4）记录下列数据（表 1–4）。

表 1–4 麦芽水分含量测定

称重皿质量 m_0/g	样品和称重皿质量 m_1/g	烘干后样品和称重皿质量 m_2/g			
		#1	#2	#3	恒重值

（5）结果计算：

$$X=\frac{m_1-m_2}{m_1-m_0}\times 100\%$$

式中，X 为样品中水分的质量分数；

m_0 为称重皿的质量，g；

m_1 为样品和称重皿的质量，g；

m_2 为样品和称重皿干燥恒重后的质量，g。

2. 麦芽渗出率测定（密度瓶法）

相对密度（又称比重）是指在某一温度下，样品物质的质量与同体积某一温度下水的质量之比，用符号 d 表示。

（1）称量干燥密度瓶（附温度计）质量为 m_0，添加水至密度瓶刻度线，称量密度瓶和水的质量为 m_1。

（2）将密度瓶中的水倒出，用约 10 mL 麦芽汁洗两次，然后将协定法麦芽汁灌入密度瓶中，达到刻度线，并放置于水浴中（20 ± 0.5℃）（如麦芽汁温度比较高，可先将麦芽汁放入冰箱中冷却后再做），取出密度瓶，调整麦芽汁使达到密度瓶刻度处，放置 5 min，称量密度瓶和麦汁的质量为 m_2。

（3）计算相对密度，取 4 位小数，用符号 d 表示。

$$d=\frac{m_2-m_0}{m_1-m_0}$$

式中，m_0 为空密度瓶质量，g；

m_1 为密度瓶和水的质量，g；

m_2 为密度瓶和样品的质量，g。

（4）查找附录 15，由相对密度得出浸出物质的质量 B，以风干麦芽样品计算麦芽浸出率：

$$麦芽浸出率 = \frac{B\,(800+M)}{100-B} \times 100\%$$

式中，M 为麦芽水分质量百分数；

B 为麦芽汁中可溶性固形物百分数。

3. 碘量法测定麦芽糖化力

（1）麦芽糖化液的制备　量取 2% 可溶性淀粉溶液 100 mL，置于 200 mL 容量瓶中，加 10 mL 乙酸 – 乙酸钠缓冲溶液，摇匀，在 20℃水浴中保温 20 min。准确加入 5.00 mL 麦芽浸出液，摇匀，在 20℃水浴中准确保温 30 min，立即加入 1 mol/L 氢氧化钠溶液 4 mL，振荡，以终止酶的活动，用水定容至刻度。

（2）空白试验　量取 2% 可溶性淀粉溶液 100 mL，置于 200 mL 容量瓶中，在 20℃水浴中保温 20 min 后，加入 1 mol/L 氢氧化钠溶液 2.35 mL，摇匀，加 5.00 mL 麦芽浸出液，用水定容至刻度。

（3）碘量法定糖　吸取麦芽糖化液和空白试验液各 50.00 mL，分别置入 250 mL 碘量瓶中，各加入 0.1 mol/L 碘溶液 25.00 mL，1 mol/L 氢氧化钠溶液 3 mL，摇匀，盖好，静置 15 min。加 1 mol/L 硫酸溶液 4.5 mL，立即用 0.1 mol/L 硫代硫酸钠标准溶液滴定至蓝色消失为终点。

（4）实验记录　将上述数据记录在表 1–5 中。

表 1–5　碘量法测定麦芽糖化力

类别	糖化液			空白液		
次数	1	2	3	1	2	3
取样毫升数 /mL						
滴定耗 $Na_2S_2O_3$ 毫升数 /mL						
平均值 /mL	V=			V_0=		

（5）结果计算　麦芽糖化力是以 100 g 无水麦芽在 20℃、pH 4.3 条件下分解可溶性淀粉 30 min 产生 1 g 麦芽糖为 1 个维柯（WK）糖化力单位。

$$麦芽糖化力（WK）= \frac{(V_0-V)\cdot C \times 34.2}{(1-M)} \times 100$$

式中，V_0 为空白液消耗 $Na_2S_2O_3$ 标准溶液的平均体积，mL；

V 为麦芽糖化液消耗 $Na_2S_2O_3$ 标准溶液的平均体积，mL；

C 为 $Na_2S_2O_3$ 标准溶液的浓度，mol/L；

M 为麦芽水分百分含量；

34.2 为换算系数（20 g 麦芽样的转换系数，浓色麦芽应将 34.2 改为 17.1）。

4. 麦芽蛋白质（总氮）测定（考马斯亮蓝法）

（1）准备蛋白质标准溶液和待测蛋白质溶液

牛血清蛋白　用 0.15 mol/L NaCl 配制成 1 mg/mL 蛋白质溶液；

待测蛋白质溶液　麦芽粉碎浸提液，根据实际情况稀释。

（2）制作蛋白质溶液标准曲线　取7支试管，按表1–6平行操作。

表1–6　麦芽蛋白质溶液标准曲线制作

试管编号	0	1	2	3	4	5	6
蛋白质标准溶液 /mL	0	0.01	0.02	0.03	0.04	0.05	0.06
0.15 mol/L NaCl/mL	0.1	0.09	0.08	0.07	0.06	0.05	0.04
考马斯亮蓝试剂 /mL	2.5	2.5	2.5	2.5	2.5	2.5	2.5
混匀，1 h 内以0号管为空白对照，在595 nm 处比色							
A_{595}							

以 A_{595} 为纵坐标，标准蛋白质含量为横坐标，绘制标准曲线。

（3）未知样品蛋白质浓度测定　测定方法同上。取合适的未知样品体积，使其测定值在标准曲线的直线范围内。根据所测定的 A_{595}，在标准曲线上查出其相当于标准蛋白质的量，从而计算出未知样品的蛋白质浓度（mg/mL）。

5. 茚三酮比色法测定α–氨基氮含量

（1）绘制标准曲线　准确吸取200 μg/mL甘氨酸标准溶液0.0、0.5、1.0、1.5、2.5、3.0 mL，分别置于25 mL容量瓶或比色管中，各加水补充至容积为4.0 mL，然后加入茚三酮显色剂1.00 mL，混合均匀，于沸水浴中加热16 min，取出迅速冷却至室温。加5.00 mL碘酸钾稀释溶液，并加水至标线，摇匀。静置15 min后，于570 nm波长下，用1 cm比色皿，以试剂空白为参比液，测定其余各溶液的吸光度值，以标准氨基酸含量（μg）为横坐标，以其对应的吸光度值为纵坐标，绘制标准曲线。

（2）样品测定　吸取适量的协定法麦芽汁（浓度为100～300 μg/mL α–氨基酸），按标准曲线制作步骤，在相同条件下测定吸光度值，在标准曲线上查得对应的氨基酸质量（μg）。

（3）结果计算：

$$X=\frac{m}{m_1\times 1\,000}\times 100$$

式中，X 为每100 g麦芽中α–氨基氮的含量，mg/100 g；

m 为测定的麦汁中α–氨基酸的含量，μg；

m_1 为测定的样品溶液相当于样品的质量，g。

【注意事项】

1. 麦芽渗出液保存不应超过6 h。

2. 麦芽糖化液的制备中，加氢氧化钠溶液后溶液应呈碱性，pH为9.4～10.6，可用pH试纸检验。

3. $Na_2S_2O_3$ 标准溶液的制备、标定及注意问题可参考《分析化学》有关部分。

4. 茚三酮与氨基酸反应非常灵敏，痕迹量的氨基酸也能给结果带来较大误差，故操作时要十分注意。如容器必须仔细洗净，洗净后只能接触其外部表面。

5. 茚三酮与氨基酸显色反应要求在 pH 6.7 的条件下加热进行，果糖作为还原性发色剂，碘酸钾在稀溶液中使茚三酮保持氧化态，以减少副反应。

【实验记录与思考】

1. 分别记录各项指标的测定结果，评价麦芽质量。

2. 怎样测定麦芽汁密度？请自行设计方案。

3. 测定糖化力时，空白试验液的制备为什么要先加氢氧化钠后加麦芽浸出液？

4. 你对本实验有什么体会（包括成功的经验及失败的教训），简述影响实验结果的因素有哪些。

任务六：酿酒酵母种子液的制备

【实训目的】

1. 了解酵母活化方法。

2. 理解血细胞计数板计数的原理。

3. 掌握测定酵母细胞总数、出芽率和死亡率的方法。

【实训原理】

将保存于超低温冰箱中的生产菌种酿酒酵母接入试管斜面活化后，在经过摇瓶及种子罐逐级放大培养而获得一定数量和质量的纯种，即为种子液。酵母通过乙醇发酵将麦芽汁中可发酵的糖转化为乙醇，酵母种子液的制备及种子液质量对发酵至关重要。酵母细胞总数、出芽率和死亡率的测定是衡量酵母种子液的质量指标之一。

【实训材料与器材】

酿酒酵母（*Saccharomyces cerevisiae*），白砂糖，血细胞计数板，葡萄糖，蔗糖，Na_2HPO_4，KH_2PO_4，$MgSO_4$，NaCl，NaOH，Na_2CO_3，盐酸，氨水，琼脂，酒精（均为分析纯）。

斜面培养基（g/L）　葡萄糖 10.0 g，蛋白胨 5.0 g，琼脂 20.0 g，自然 pH，0.1 MPa 高压蒸汽灭菌 20 min。

摇瓶种子培养基（g/L）　蔗糖 20.0 g，蛋白胨 5.0 g，Na_2HPO_4 4.0 g，$MgSO_4$ 0.5 g，KH_2PO_4 1.0 g，pH 5.0 ~ 5.5，0.1 MPa 高压蒸汽灭菌 20 min。

微生物恒温培养箱，紫外分光光度计，超净工作台，显微镜等。

【实训操作】

1. 出芽率和死亡率测定

分别滴加一滴 0.1% 吕氏碱性美蓝和酵母种子液在载玻片上混合，放置 10 min。在显微镜下观察酵母，选择两三个视野取平均值，测酵母的死亡率和出芽率。酵母自身的氧化还原性能把美蓝还原为无色，而死细胞则没有还原性。

2. 酵母总数测定

（1）镜检计数室　在加样前，先对计数板的计数室进行镜检。若有污物，则需清洗后才能进行计数。

（2）加样品　将清洁干燥的血细胞计数板盖上盖玻片，再用无菌细口滴管将酵母菌液在盖玻片边缘滴一小滴（不宜过多），使菌液沿缝隙靠毛细渗透作用自行进入计数室，一般计数室均能充满菌液，静置 5 ~ 10 min 即可计数。

（3）显微镜计数　将血细胞计数板置于显微镜载物台上，先用 10 倍物镜找到计数室所在位置，然后换成 40 倍物镜进行计数。在计数前若发现菌液太浓或太稀，需重新调节稀释度后再计数。一般样品稀释度要求每小格内有 5 ~ 10 个菌体为宜，若选用 16 × 25 规格的计数板，则数四个角：左上、右上、左下、右下的四个中方格（即 100 小格）中的菌体进行计数。位于格线上的菌体一般只数上方和右边线上的。

25 × 16 的计数板计算公式：

细胞数 /mL=（80 小格内的细胞数 /80）× 400 × 10 000 × 稀释倍数 $=A/5\times25\times10^4\times B$

16 × 25 的计数板计算公式：

细胞数 /mL=（100 小格内的细胞数 /100）× 400 × 10 000 × 稀释倍数 $=A/4\times16\times10^4\times B$

【注意事项】

1. 配制适当浓度的酵母菌悬液，保证血细胞计数板中的每小格中有 5 ~ 10 个酵母。

2. 调节显微镜光线使其强弱适当，对于用反光镜采光的显微镜还要注意光线不要偏向一边，否则视野中不易看清楚计数室方格线，或只见竖线或只见横线。

3. 血细胞计数板使用后用自来水冲洗，切勿用硬物洗刷，洗后自行晾干。

4. 如果酵母的芽体大小达到母细胞的一半时，即作两个菌体计数。计数一个样品要从两个计数室中计得的值来计算样品的含菌量。

【实训记录与思考】

1. 记录酵母总数、出芽率和死亡率。

2. 如何评价酵母的质量。

第三节　麦芽汁的制备

任务一：麦芽的粉碎

【实训目的】

1. 了解粉碎设备的结构及辊间距的调节。
2. 了解回潮粉碎的操作和原料粉碎的方法和要求。

【实训原理】

对辊式粉碎机是由两个圆柱形辊筒作为主要机构，如图 1–6A 所示。工作时一对圆辊作相向旋转，由于物料和辊之间的摩擦作用，将物料卷入两辊所形成的破碎腔内而被压碎。破碎的产品在重力作用下从两辊之间的间隙处排出，该间隙的大小即决定破碎产品的最大粒度。对辊式粉碎机通常用于物料的中、细粉碎，其原理如图 1–6B 所示。正确使用粉碎机、合理调节辊间距及原料回潮的控制对麦芽汁制备十分重要，影响过滤速度。通常焦香麦芽和大麦芽分开粉碎，前者粉碎度应小于后者。让麦芽自然吸潮 5 min 后进行粉碎。麦芽粉碎过程中应经常取样检查粉碎度，杜绝整粒进入粉碎后的原料。粉碎度以表皮破而不碎，粗、细粉比在 1∶25 为佳。好的粉碎度可以保证良好的过滤。粉碎机在使用时，避免加料过量，严禁电机超负荷运转。电机温度高于 70℃时应停机查找原因，电机轴承每年加黄油两次，粉碎机轴承每年加黄油一次。如遇故障切忌“带病”粉料。每次粉碎后及时把粉碎机清理干净。

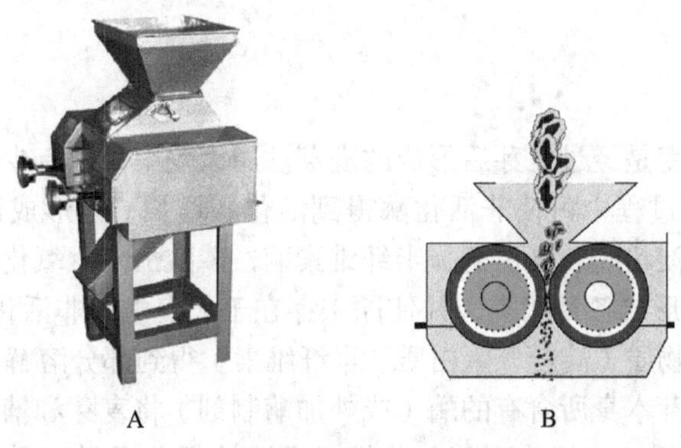

图 1–6　对辊式粉碎机及其工作原理
A. 外观；B. 工作原理示意图

【实训材料与器材】

麦芽，粉碎机等。

【实训操作】

1. 设备检查　查看粉碎机料斗内有无杂质，磨盘、电线、其他附件是否正常，如无异常可准备粉碎。教师指导学生认识粉碎机及辊间距的调节。

2. 原料检查　麦芽粉碎前，仔细检查麦芽外观质量，有无霉烂现象。称取不同酒种每批粉碎量为：大麦啤酒，大麦芽 20 ~ 22 kg（依麦芽质量定），焦香麦芽 1 ~ 1.5 kg。

3. 处理麦芽回潮并指导学生控制原料的回潮。

注意：大麦芽应即粉即用，不宜长时间保存，更不可过夜。

4. 润水　粉碎前，提前 5 ~ 10 min，加适量水湿润大麦芽表面，达到麦芽粉“破而不碎”的要求。

注意：焦香麦芽、黑麦芽粉碎时不得润水。

5. 粗、细粒比较　粉碎过程中，随时取样检查麦芽粉碎情况，根据麦芽粉的粗细，适当调整手轮和进料量。粗细比例为 1 ∶ 2.5。

注意：焦香麦芽、黑麦芽必须粉碎。

6. 后处理　粉碎结束后切断电源。回收内存物料，清理设备上的粉尘及地面卫生。

【实训记录与思考】

1. 记录麦芽粉碎各工序和效果，填写附表 2–1 ~ 附表 2–3。

2. 润水对麦芽粉碎效果有什么影响？

任务二：麦芽的糖化

【实训目的】

1. 理解糖化的原理。

2. 掌握糖化操作。

【实训原理】

本实训采用的大麦是经过发芽后形成的麦芽。原大麦中只含有少量的酶，而且是处于非活化状态。在发芽过程中可使非活化酶得到活化和增长，并形成许多新的酶类。与酿造关系较大的酶类有淀粉酶、蛋白酶、半纤维素酶、磷酸酯酶、氧化还原酶等。故大麦发芽的作用主要是：①形成各种酶类，并使原来存在于大麦中的非活化酶得到活化和增长；②使麦粒中的大分子物质（淀粉、蛋白质、半纤维素）得到部分溶解，以利于糖化。

糖化是指利用麦芽本身所含有的酶（或外加酶制剂）将麦芽和辅助原料中不溶性大分子物质（淀粉、蛋白质、半纤维素等）分解成可溶性低分子量物质（如糖类、糊精、氨基酸、肽类等）的过程。由此制得的溶液称为麦芽汁。麦汁中溶解于水的干物质称为浸出物，麦芽汁中的浸出物对原料中所有干物质的比为无水浸出率。

糖化的目的是将原料（包括麦芽和辅助原料）中可溶性物质尽可能多地萃取出来，并且创造有利于各种酶的作用条件，使不溶性物质在酶的作用下变成可溶性物质而溶解出来，制成符合要求的麦芽汁，得到较高的麦芽汁收率。

1. 糖化时主要酶的作用

糖化过程酶的来源主要是麦芽，有时为了补充酶活力的不足，也外加酶制剂。这些酶以水解酶为主，有淀粉酶（包括α- 淀粉酶、β- 淀粉酶、R- 酶、界限糊精酶、麦芽糖酶、蔗糖酶），蛋白酶（包括内肽酶、羧基肽酶、氨基肽酶、二肽酶），β- 葡聚糖酶（内β-1，4葡聚糖酶、内β-1，3葡聚糖酶、β- 葡聚糖溶解酶）和磷酸酶等。

（1）淀粉酶

α- 淀粉酶　是对热较稳定、作用较迅速的液化型淀粉酶。可将淀粉分子链内的α-1，4糖苷键任意水解，但不能水解α-1，6糖苷键。其作用产物为含有6～7个单位的寡糖。淀粉水解后，糊化醪的黏度迅速下降，碘反应消失。

β- 淀粉酶　可从淀粉分子的非还原性末端的第二个α-1，4糖苷键开始水解，但不能水解α-1，6糖苷键，而能越过此键继续水解，生成较多的麦芽糖和少量的糊精。

R- 酶　又叫异淀粉酶，它能切开支链淀粉分支点上的α-1，6糖苷键，将侧链切下成为短链糊精、少量麦芽糖和麦芽三糖。此酶虽然没有成糖作用，却可协助α- 淀粉酶和β- 淀粉酶作用，促进成糖，提高发酵度。

界限糊精酶　能分解界限糊精中的α-1，6糖苷键，产生小分子的葡萄糖、麦芽糖、麦芽三糖和直链寡糖等。由于α- 淀粉酶和β- 淀粉酶不能分解界限糊精中的α-1，6糖苷键，所以界限糊精酶可以补充α- 淀粉酶和β- 淀粉酶分解的不足。

蔗糖酶　蔗糖酶主要分解来自麦芽的蔗糖，产生葡萄糖和果糖。虽然其作用的最适温度低于淀粉分解酶，但在62～67℃条件下仍具有活性。

（2）蛋白酶　蛋白酶是分解蛋白质和肽类的有效物质，其分解产物为胨、多肽、低肽和氨基酸等。蛋白酶类主要包括内肽酶、羧基肽酶、氨基肽酶和二肽酶。

（3）β- 葡聚糖酶　麦芽中β- 葡聚糖酶的种类较多，在糖化时最主要的是内切型β- 葡聚糖酶和外切型β- 葡聚糖酶。它是水解含有β-1，4糖苷键和β-1，3糖苷键的β- 葡聚糖的一类酶的总称。可将黏度很高的β- 葡聚糖降解，从而降低醪液的黏度，提高麦汁和啤酒的过滤性能以及啤酒的风味稳定性。

2. 糖化时主要物质变化

麦芽淀粉和大麦淀粉的性质基本一致，只是麦芽淀粉颗粒在发芽过程中因受酶的作用，其外围蛋白质层和细胞壁中的半纤维素物质已有很大程度的分解，所以麦芽淀粉更容易接受酶的作用而分解。

（1）淀粉的分解　麦芽的淀粉含量占其干物质的58%～60%，辅料大米的淀粉含量为其干物质的80%～85%，玉米的淀粉含量为其干物质的69%～72%。

①麦芽及辅料淀粉的性质　麦芽淀粉和大麦淀粉的性质基本一致，只是麦芽淀粉颗粒在发芽过程中因受酶的作用，其外围蛋白质层和细胞壁的半纤维素物质已逐步分解，部分淀粉也受到分解，麦芽中淀粉含量比大麦中淀粉含量减少4%～6%，淀粉结构变化主要是支链淀粉含量有所减少，直链淀粉含量稍有增加，它比大麦淀粉更容易接受酶的作

用而分解。麦芽淀粉中直链淀粉占 20%～40%，支链淀粉占 60%～80%；糯米含支链淀粉 90%～100%，籼米只有 60%～70%，玉米高达 85%～90%。

② 淀粉的分解过程　淀粉的分解可分为三个不可逆的过程，但它们彼此连续进行，即糊化、液化、糖化。

糊化　淀粉颗粒在一定温度下吸水膨胀，淀粉颗粒破裂，淀粉分子溶出，呈胶体状态分布于水中而形成糊状物的过程称为糊化。形成糊状物的临界温度称为糊化温度。

液化　淀粉糊化为胶黏的糊状物，在 α- 淀粉酶的作用下，将淀粉长链分解为短链的低分子的 α- 糊精，并使黏度迅速降低的过程称为液化。

糖化　谷类淀粉经糊化、液化后，被淀粉酶进一步水解成糖类和糊精的过程称为糖化。

糊化、液化与糖化是相互关联的。糊化促进液化的迅速进行，液化又促进淀粉的充分糊化。液化质量的好坏决定了糖化能否完全、麦汁质量的好坏以及过滤和洗糟速度的快慢。因此，辅料的糊化是糖化工艺的重要环节。

③ 辅料的糊化与液化　大米或玉米作为麦芽的辅助原料，主要是提供淀粉。为了促进糊化、液化，防止糊化醪稠厚和黏结锅底，必须在辅料中加入 15%～20% 麦芽或 α- 淀粉酶（6～8 μL/g 原料），使其在 55℃起就开始糊化、液化，还可缩短时间。

辅料的糊化、液化常在 100 ℃下进行，保温 30 min。有的采用低压 100 kPa，105～110℃保温 30 min，使淀粉充分糊化，提高浸出率，同时可提供混合糖化醪升温所需要的热量，达到阶段升温糖化的目的。

关于糊化醪的检验，良好的糊化醪不稠厚、稍黏，不发白，上层呈水样清液。

辅料糊化时应控制好料水比及 α- 淀粉酶的用量，并注意避免出现淀粉的老化现象，或称回生。所谓老化现象是指糊化后的淀粉糊，当温度降至 50℃以下，产生凝胶脱水，使其结构又趋紧密的现象。

④ 淀粉的糖化　在啤酒酿造中，淀粉的糖化是指辅料的糊化醪和麦芽中的淀粉受到麦芽中淀粉酶的作用产生以麦芽糖为主的可发酵性糖和以低聚糊精为主的非发酵性糖的过程。在糖化过程中，随着可发酵性糖的不断产生，醪液黏度迅速下降，碘液反应由蓝色逐步消失至无色。

可发酵性糖是指麦汁中能被下面酿酒酵母发酵的糖类，如果糖、葡萄糖、蔗糖、麦芽糖、麦芽三糖和棉子糖等。

非发酵性糖（也称非糖）是指麦汁中不能被下面酿酒酵母发酵的糖类，如低聚糊精、异麦芽糖、戊糖等。

非发酵性糖虽然不能被酵母发酵，但它们对啤酒的适口性、黏稠性、泡沫的持久性，以及营养等方面均起着良好的作用。如果啤酒中缺少低级糊精，则口味淡泊，泡沫也不能持久。但含量过多，则会造成啤酒发酵度偏低、黏稠不爽口和有甜味的缺点。一般浓色啤酒糖与非糖之比控制在 1 :（0.5～0.7），浅色啤酒控制在 1 :（0.23～0.35），干啤酒及其他高发酵度的啤酒可发酵性糖的比例会更高。

（2）蛋白质的水解　糖化时蛋白质的水解具有重要意义，其分解产物既影响啤酒泡沫的多少、泡沫的持久性、啤酒的风味和色泽，又影响酵母的营养和啤酒的稳定性。糖化时蛋白质的分解称为蛋白质休止，分解的温度称为休止温度，分解的时间称为休止时间。

在糖化过程中，蛋白质溶解不良的麦芽，需进一步加强对蛋白质的分解。对溶解良好的麦芽，蛋白质的分解作用可以减弱一些。

（3）β- 葡聚糖的分解　麦芽中的β- 葡聚糖是胚乳细胞壁和胚乳细胞之间的支撑和骨架物质。大分子β- 葡聚糖呈不溶性，小分子呈可溶性。在35～50℃时麦芽中的大分子葡聚糖溶出，提高醪液的黏度。尤其是溶解不良的麦芽，β- 葡聚糖的残存高，麦芽醪过滤困难，麦汁黏度大。因此，通过麦芽中内β-1，4- 葡聚糖酶和内β-1，3- 葡聚糖酶的作用促进β- 葡聚糖的分解，使β- 葡聚糖降解为糊精和低分子葡聚糖。

（4）滴定酸度及pH的变化　麦芽所含的磷酸盐酶在糖化时继续分解有机磷酸盐，游离出磷酸及酸性磷酸盐。麦芽中可溶性酸及其盐类溶出，构成糖化醪的原始酸度，改善醪液缓冲性，有益于各种酶的作用。

（5）多酚的变化　酚类物质存在于麦皮、胚乳的糊粉层和贮存蛋白质层中，占大麦干物质的0.3%～0.4%。溶解良好的麦芽，其游离的多酚多，在糖化时溶出的多酚也多，在高温条件下与高分子蛋白质络合，形成单宁－蛋白质的复合物，影响啤酒的非生物稳定性；多酚物质的酶促氧化聚合，贯穿于整个糖化阶段，在糖化休止阶段（50～65℃）表现得最突出，会产生涩味、刺激味，导致啤酒口味失去原有的协调性，影响啤酒的风味稳定性。氧化的单宁与蛋白质形成复合物，在冷却时呈不溶性，形成啤酒的混浊和沉淀。因此，应采用适当的糖化操作使蛋白质和多酚物质沉淀下来。适当降低pH，有利于多酚物质与蛋白质作用而沉淀析出，降低麦汁色泽。

在麦汁过滤中要尽可能地缩短过滤时间，过滤后的麦汁应尽快升温至沸点，使多酚氧化酶失活，防止多酚氧化使麦汁颜色加深、啤酒口感粗糙。

（6）无机盐的变化　麦芽中含有的无机盐为2%～3%，其中主要为磷酸盐，其次为Ca^{2+}、Mg^{2+}、K^{+}、Si^{2+}等盐类。这些盐大部分会溶解在麦芽汁中，它们对糖化发酵有很大的影响，例如钙可以保护酶不受温度的破坏，磷提供酵母生长必需的营养盐类等。

（7）黑色素的形成　黑色素是由单糖和氨基酸在加热煮沸时形成的，它是一种黑色或褐色的胶体物质，它不仅具有愉快的芳香味，而且能增加啤酒的泡沫性，调节pH，它是麦芽汁中有价值的物质。其量必须适当，过量的黑色素不仅使有价值的糖和氨基酸受到损失，还会加深啤酒的色度。

（8）脂质分解　大麦中的脂质主要储藏于麦胚中，在发芽过程中被脂肪酶分解形成大量脂肪酸和高分子游离脂肪酸。其中一部分被利用，低温下有利于脂质的分解，但在麦汁煮沸后，大量的类脂被凝固物吸附，所以定型麦汁中总脂肪酸的含量仅为煮沸前麦汁的1%～2%。

【实训材料与器材】

麦芽，啤酒发酵成套设备等。

【实训操作】

1. 设备检查　检查糖化锅、过滤槽、旋沉槽、管件、阀门、仪表，以及水、电、汽供应是否正常，无异常后，清洗干净，准备投料。

2. 制备投料水　在糖化锅内加水70 kg，开蒸汽加热，加热至37℃，投料，开搅拌，停止加热，混合均匀后静置 30 min。在糊化锅内加水 30 ~ 40 kg，升温至 52℃，加入已粉碎 5 ~ 6 kg 大米，升温至 100℃，并在蛋白质分解时，泵入糖化锅内（可不添加大米）。

3. 蛋白质分解　启动搅拌，开启蒸汽，升温至 50 ~ 52℃，停蒸汽，2 ~ 5 min 后，停搅拌，保持 40 ~ 60 min。

4. 糖化操作 1　启动搅拌，开启蒸汽，升温至 63℃，停蒸汽，2 ~ 5 min 后，停搅拌，静置 50 min。

5. 糖化操作 2　启动搅拌，开启蒸汽，升温至 68℃，停蒸汽，2 ~ 5 min 后停止搅拌，静置 40 ~ 60 min，检查至碘反应基本完全。

6. 启动搅拌，开启蒸汽，升温至 78℃，5 min 后停蒸汽，开启糖化泵，泵入过滤槽内（过滤槽提前泵入 78℃水，以盖过滤板 1 cm 左右），开耕刀，泵料完毕后，耕刀继续开启 3 ~ 5 min，关闭耕刀。

7. 静置　20 min 后，打开回流，过滤。

8. 制备杀菌水　热水罐内加水 100 kg，升温至 100℃，对入罐所有管路杀菌 40 min 以上，热水备用洗槽。

【实训记录与思考】

记录糖化实训参数及条件，填写附表 2–4。

任务三：麦汁的过滤

【实训目的】

1. 了解麦汁过滤设备的结构及使用。
2. 理解麦汁过滤的原理。

【实训原理】

在糖化过程结束后，大部分大分子物质已经分解，需将麦汁（可溶于水的浸出物）和麦糟（残留物、大分子蛋白质、纤维素、脂肪等）尽快分离出来，这种分离过程称为麦芽的过滤，过滤所得滤液即为麦汁，麦汁过滤包括糖化醪过滤和麦糟清洗。目前国内啤酒厂多采用过滤槽法。一般将糖化醪充分搅拌，尽快泵入过滤槽后，用耕刀搅拌均匀，静置，使麦糟自然沉降，形成过滤层。首先沉淀的是麦皮，其次是未分解的淀粉和蛋白质等。

过滤槽既是最古老的又是应用最普遍的一种麦汁过滤设备。它是一圆柱形容器，槽底装有开孔的筛板。过滤筛板既可支撑麦糟又可构成过滤介质，以此作为静压力实现过滤。利用过滤槽过滤麦芽汁，与其他过滤过程相同，筛分、滤层效应和深层过滤效应综合进行，其过滤速度受以下各种因素的影响：

（1）穿过滤层的压差　指麦汁表面与滤板之间的压力差。压力差大，过滤的推动力大，滤速快。

（2）滤层厚度　滤层厚，相对过滤阻力增大，滤速降低。它与投料量、过滤面积、麦芽粉碎的方法及粉碎度有关。

（3）滤层的渗透性　麦汁渗透性与原料组成、粉碎方式、粉碎度及糖化方法有关，渗透性小，阻力大，会影响过滤速度。

（4）麦汁黏度　麦汁黏度与麦芽溶解情况、醪液浓度及糖化温度有关，麦芽溶解不良，胚乳细胞壁的β- 葡聚糖、戊聚糖分解不完全，醪液黏度大。温度低、浓度高，黏度亦大。相反，浓度低、温度高，则黏度低。

（5）过滤面积　相同质量的麦汁，过滤面积愈大，过滤所需时间愈短，过滤速度愈快；反之，所需时间愈长，过滤速度愈慢。

糖化结束后应尽快地把麦汁和麦糟分开，以得到清亮和较高收率的麦汁，避免影响半成品麦汁的色香味。麦糟中含有多酚物质，浸渍时间长，会给麦汁带来不良的苦涩味和麦皮味。麦皮中的色素浸渍时间长，会增加麦汁的色泽。微小的蛋白质颗粒，可破坏泡沫的持久性。由于过滤槽底部是筛板，要借助麦糟形成的过滤层来达到过滤的目的，因此前30 min 的滤出物应返回重滤。以麦糟为滤层，利用过滤方法提取的麦汁，叫做第一麦汁或者过滤麦汁。然后利用热水洗涤过滤后的麦糟得到的麦汁叫做第二麦汁或者洗涤麦汁。麦芽汁过滤分为两个阶段：首先对糖化醪过滤得到头号麦汁；其次对麦糟进行洗涤，用78 ~ 80℃的热水分 2 ~ 3 次将吸附在麦糟中的可溶性浸出物洗出，得到二滤和三滤麦汁。

【实训材料与器材】

啤酒发酵成套设备。

【实训操作】

1. 预热设备　检查过滤板是否铺平压紧，并在进醪前，泵入 78℃热水直至溢过滤板，以此预热设备并排除管、筛底的空气。

2. 形成过滤层　将糖化后的糖化醪泵入过滤槽，送完后开动耕糟机缓慢转动，使糖化醪在槽内均匀分布。提升耕刀，静置 10 ~ 30 min，使糖化醪沉降，形成过滤层。亦可不经静置，直接回流。糟层厚度为 350 mm 左右，湿法粉碎麦糟厚度可达 400 ~ 600 mm。

3. 麦汁回流　开始过滤，首先打开麦汁排出阀，然后迅速关闭，重复进行数次，将滤板下面的泥状沉淀物排出。然后打开全部麦汁排出阀，但要小开，控制流速，以防槽层抽缩压紧，造成过滤困难。开始流出的麦汁浑浊不清，应进行回流，通过麦汁泵泵回过滤槽，直至麦汁澄清方可进入煮沸锅，一般为 5 ~ 15 min。

4. 头滤麦汁　进行正常过滤，随着过滤的进行，糟层逐渐压紧，麦汁流速逐渐变小，此时应适当耕糟，耕糟时切忌速度过快，同时应注意调节麦汁流量，注意控制好麦汁流量，使麦汁流出量与麦汁通过麦糟的量相等。并注意收集滤过“头滤麦汁”，并测定其麦汁浓度，一般需 45 ~ 60 min。如麦芽质量较差，头滤时间约需 90 min 左右。

5. 洗槽　原麦汁过滤至将近露出槽面（液面距槽面 10 ~ 20 mm）时，进行洗槽。依据原麦汁浓度估算洗槽水量（每次约 20 L 水），加水洗槽，并用 76 ~ 80℃热水（洗槽水）采用连续式或分 2 ~ 3 次洗槽，同时收集“二滤麦汁”，如开始混浊，需回流至澄清。在洗槽时，如果麦糟板结，需进行耕槽。洗槽时间控制在 45 ~ 60 min，混合麦汁浓度达到9.0 ~ 9.5 BX（Brixsale，简写 BX，麦芽汁浓度常用 Bx 表示，即糖分含量值，常用糖锤度计测度）。

6. 停止过滤　排槽，清洗过滤槽。

注意：麦汁过滤过程中，若麦汁不清或过滤困难，可搅起醪液静置 10 min，重新打回流，直至麦汁清亮。

【实训记录与思考】

麦芽粉碎程度会对过滤产生怎样的影响？

任务四：麦芽的煮沸、冷却和进罐

【实训目的】

1. 理解麦汁煮沸的原因。
2. 掌握麦汁煮沸、冷却和进罐的操作和注意事项。

【实训原理】

糖化后的麦汁必须经过煮沸，并加入酒花制品，成为符合啤酒质量要求的定型麦汁。在煮沸过程中可加入酒花（分苦型酒花和香型酒花，每 100 L 麦汁中添加约 200 g，煮沸前 10 min 加入苦型酒花，煮沸结束前 10 min 加入少量香型酒花）。将过滤的麦汁通蒸汽加热至沸腾，煮沸时间一般控制在 1.5 ~ 2 h，蒸发量达 15% ~ 20%（蒸发时尽量开口，煮沸结束时，为了防止空气中的杂菌进入，最好密闭）。其目的在于：①破坏全部酶的活性，防止残余的 α- 淀粉酶继续作用，稳定麦汁的组成成分；②通过煮沸消灭麦汁中存在的各种有害微生物，保证最终产品的质量；③浸出酒花中的有效成分（软树脂、单宁物质、芳香成分等），赋予麦汁独特的苦味和香味，提高麦汁的生物和非生物稳定性；④使高分子蛋白质变性和凝固析出，提高啤酒的非生物稳定性；⑤降低麦汁的 pH，麦汁煮沸时水中钙离子和麦芽中的磷酸盐起反应，使麦芽汁的 pH 降低，利于球蛋白的析出和成品啤酒 pH 的降低，对啤酒的生物和非生物稳定性的提高有利；⑥还原物质的形成，在煮沸过程中麦汁色泽逐步加深，形成了一些成分复杂的还原物质，如类黑素等，对啤酒的泡沫性能以及啤酒的风味稳定性和非生物稳定性的提高有利；⑦挥发不良气味，使具有不良气味的碳氢化合物，如香叶烯等随蒸汽的挥发而逸出，提高麦汁质量。

回旋沉淀及麦汁预冷却　将煮沸后的麦汁从切线方向泵入回旋沉淀槽，使麦汁沿槽壁回旋而下，借以增大蒸发表面积，使麦汁快速冷却，同时由于离心力的作用，使麦汁中的絮凝物快速沉淀的过程。

麦汁冷却　将回旋沉淀后的预冷却麦汁通过薄板冷却器与冰水进行热交换，从而使麦汁冷却到发酵温度的过程。

【实训材料与器材】

啤酒发酵成套设备。

【实训操作】

1. 麦汁煮沸操作

（1）加热　过滤麦汁盖过加热夹套后，开始加热升温。

（2）麦汁煮沸　麦汁沸腾时开始计时，煮沸时间为 60 min，麦汁始终处于沸腾状态，控制沸腾麦汁糖浓度在 9.5 ~ 10.5 BX，可适当延时。

（3）添加酒花　麦汁煮沸开锅 20 min 和煮沸完成前 10 min，分别添加苦型和香型酒花。加量分别为 40 g 和 20 g。

注意：

麦汁煮沸过程中必须始终处于沸腾状态，否则将出现啤酒口味不好等问题。

煮沸过程中，谨慎控制电、气流，避免热麦汁溢出，防止烫伤！

酒花称量完后，原包立即密封包装放入冰箱，以防氧化。

2. 旋沉操作

开启煮沸锅管路各阀门，将麦汁泵入旋沉锅内，静置沉淀 30 min，然后排掉热凝团物，进行麦汁冷却。

注意：煮沸结束后，煮沸锅入孔不可随意打开，以防空气中的杂菌落入。

3. 麦汁冷却操作

（1）检查　换热器管件、阀门、仪表以及冰水、自来水、氧气（压力低于 1.5 MPa 应停止使用）供应是否异常，如无异常开始冷却。

（2）冷却　依次开启自来水、冰水阀和冰水泵，然后开启麦汁阀、麦汁泵、氧气阀，进行麦汁冷却，控制冷却温度：大麦酒 9.0 ± 0.5℃、小麦酒 13 ± 0.5℃；干酵母控制冷却温度：大麦酒 11 ± 0.5℃、小麦酒 18 ± 0.5℃。

（3）排残留洗液　麦汁冷却初期，必须用麦汁将换热器内的残留洗液完全顶出去后，方可将麦汁通入发酵罐（提前准备好活性干酵母和无菌水，接种干酵母时，可用无菌水活化酵母）。

（4）充氧　麦汁冷却的同时，对麦汁进行不间断充氧，剂量为麦汁量的 1 ~ 2 倍，氧气瓶安全使用规范参见附录 8。

4. 冰水罐操作

（1）检查　制冷机安装完毕，试机，正常运转后进行下一步工作。

（2）洗罐　打开罐底排污阀，用软管引自来水将罐内壁和蒸发器清洗干净，排净污水后关闭排污阀。

（3）加冷媒　选择工业酒精或乙二醇，用自来水稀释到 25% 浓度或 25% ~ 33% 浓度。液位高度为蒸发器最上层铜管。

（4）控温　冰水泵控制开关推到“自动”位置，温度设定为 –6 ± 0.2℃，启动制冷机控制开关。

5. 煮沸锅的维护与保养

（1）内加热器工作过程中使用蒸汽压力不能超过加热器的额定工作压力。

（2）按工艺要求开关蒸汽阀，使温度在规定时间内达到工艺要求的温度。

（3）每次煮沸前，应先打开不凝汽排放阀门，在打开蒸汽阀门后直到有蒸汽由不凝汽阀门排出时，关闭不凝汽阀门，方可继续加热。

（4）应按工艺要求对锅的内表面及加热器清洗，清除残垢，以免影响煮沸强度。

【实训记录与思考】

1. 记录实训参数及条件，填写附表 2-5 ~ 附表 2-7。
2. 麦汁煮沸的原因是什么？

第四节　啤酒主发酵

任务一：啤酒主发酵

【实训目的】

1. 熟悉静置培养操作，观察啤酒发酵过程中参数的变化与控制。
2. 掌握发酵过程中一些指标的分析操作技能。

【实训原理】

酿酒酵母将麦芽汁发酵，产生酒精等发酵产物（啤酒）。啤酒主发酵是静置培养的典型代表，是将酵母接种至盛有麦芽汁的容器中，在一定温度下培养的过程。由于酵母是一种兼性厌氧微生物，先利用麦芽汁中的溶解氧进行好氧生长，然后利用 EMP 途径进行厌氧发酵生成酒精，如图 1-7 所示。这种有酒精产生的静置培养比较容易进行，因为产生的酒精有抑制杂菌生长的能力，容许一定程度的粗放操作。

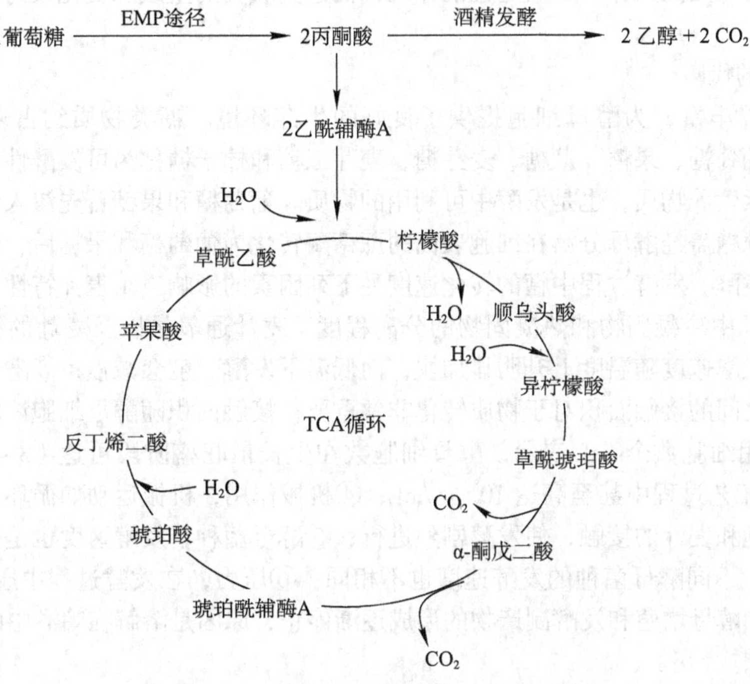

图 1-7　酵母获得能量的 EMP-TCA 途径

由于培养基中糖的消耗、CO_2与酒精的产生，糖度不断下降，可用糖度计检测。酵母接种后开始在麦汁充氧的条件下恢复其生理活性，然后以麦汁中的氨基酸为主要氮源和以可发酵性糖为主要碳源，进行有氧呼吸，并从中获取能量而生长繁殖，同时产生一系列代谢副产物；麦汁中的氧被耗尽后，酵母即在无氧的条件下进行酒精发酵。酵母生命活动所需要的能量可通过以下两方面获得：

（1）在有氧条件下，酵母进行有氧呼吸，糖被分解为水和CO_2，并释放出能量。在呼吸作用下，每氧化 1 mol 葡萄糖的燃烧热为 2 822 kJ，大部分能量转移到 ATP 高能键中，作为酵母繁殖获取能量的来源。

$$C_6H_{12}O_6 + 6O_2 + 38ADP + 38Pi \longrightarrow 6CO_2 + 6H_2O + 38ATP + \text{热能（有氧呼吸）}$$

（2）在无氧条件下，酵母行 EMP– 丙酮酸 – 酒精途径，进行无氧发酵，糖被酵解，产生乙醇和CO_2，并释放出能量。发酵过程是糖的生物氧化过程，每 1 mol 葡萄糖发酵时释放出的能量约 209 kJ，其中约 96 kJ 的热量转移至 ATP 高能键中，其余部分则以热能形式而散失。

葡萄糖的酒精发酵过程共经历 12 步反应，葡萄糖酒精发酵的生化机制是酒精制造和酒类酿造最基础的理论。对啤酒酿造来说，除发酵代谢产物酒精和CO_2是组成啤酒的最主要成分外，代谢过程中的 EMP 途径还是许多代谢产物生成的基础，因而熟知这个过程对研究其他啤酒风味成分也十分重要。酵母繁殖阶段主要属于前一种情况，啤酒发酵主要属于后一种情况。显然，葡萄糖好气代谢所获的能量，远较厌气代谢所获的多，因此只需少量葡萄糖进行好气代谢即可满足酵母生长和维持生命所需要的能量。在啤酒发酵过程中，绝大部分可发酵性糖被分解为最终产物——酒精和CO_2，释放出大量能量（放热过程），因此在啤酒发酵过程中若想保持恒温，就需要对发酵罐进行冷却。发酵液中最终的各种成分及其含量对啤酒的风味有着决定性的作用，而这些成分的生成和变化又与原料及工艺密切相关。

1. 糖类的代谢

麦汁营养丰富，为酵母细胞提供了良好的生存环境。糖类物质约占麦汁浸出物的 90%，其中葡萄糖、果糖、蔗糖、麦芽糖、麦芽三糖和棉子糖称为可发酵性糖，是酿酒酵母的主要碳素营养物质，也是发酵中可利用的物质。葡萄糖和果糖首先渗入细胞内，直接进行发酵。蔗糖需经酵母分泌在细胞表面的蔗糖酶转化为葡萄糖和果糖后，才能进入酵母细胞，进行发酵。发酵过程中糖的转化速度受下列因素的影响：①麦汁特性，发酵速度首先取决于麦汁中冷凝固物和热凝固物的分离程度、麦汁通氧量以及麦汁的组成；②发酵温度，酒精发酵速度随温度上升明显加快，而低温下发酵速度会减慢；③酵母浓度，酵母细胞和麦汁之间的接触面积对于物质转化非常重要，接触面积随酵母细胞浓度的增加而扩大，酵母量用细胞数个 /mL 表示，酵母细胞数在生长最旺盛阶段可达（3 ~ 4）$\times 10^7$ 个 /mL，在某些工艺过程中甚至高达 10^8 个 /mL；④机械作用，机械运动如循环、搅拌等，可加强酵母细胞和麦汁的接触，使发酵剧烈进行；⑤酵母菌种，发酵速度也是每个酵母菌种的遗传特性，不同酵母菌种的发酵速度也不相同；⑥压力，在发酵过程中压力不断上升，这会使发酵、酵母增殖和发酵副产物的形成逐渐停止，原因是溶解在啤酒中的CO_2量及压力在不断增加。

2. 氮类物质的代谢

在发酵起始阶段，酵母直接吸收氨基酸；在发酵阶段主要是氨基酸通过转化而产生新物质，用于合成细胞的蛋白质和其他含氮化合物。麦汁中含有氨基酸、肽类、蛋白质、嘌呤、嘧啶以及其他多种含氮物质。这些含氮物质很重要，可供酵母繁殖同化之用，并且对啤酒的理化性能和风味特点起主导作用。酿酒酵母对各种氨基酸和亚氨基酸的同化情况是不同的，如天冬氨酸、谷氨酸和天冬酰胺，可以有效地作为唯一氮源被同化，而甘氨酸、赖氨酸、半胱氨酸则不能作为唯一氮源而被酿酒酵母利用。培养基中两种氨基酸同时存在，较一种单独氨基酸的同化率可提高 10%，如用 3 种氨基酸，同化率可进一步提高 8%，因此，含有多种氨基酸的麦汁，其氮的同化率较高。酵母营养物质的作用及其缺乏后的表现如表 1–7 所示。

表 1–7　酵母营养物质的作用及其缺乏后的表现

营养物质	作用	缺乏后的表现
可同化性物质（主要氨基酸）	构成细胞蛋白质和核酸，细胞质的主要组成，是酵母发育的主要营养	酵母生长发育受到影响，发酵降糖能力和双乙酰还原能力下降
生长素（嘌呤、维生素）	构成酵母细胞酶的活性基的重要成分	细胞内代谢活动受影响，细胞活力降低
矿物元素（磷）	酵母从无机磷化物中获得磷较高，进入细胞后迅速合成有机化合物，如组成核酸、磷脂、高能磷酸化合物。磷酸盐对麦汁有缓冲作用	酵母细胞生长繁殖减慢，发酵不旺盛，发酵能力下降
锌	锌是乙醇脱氢酶和乳酸脱氢酶的活性基，也是多种酶的激活剂	发酵降糖慢，发酵度低，双乙酰还原慢

3. 其他代谢产物

啤酒发酵期间酵母利用麦汁中营养物质产生代谢产物，分泌到啤酒中。其中最主要的成分是乙醇和二氧化碳，另外还会有一些代谢产物，如双乙酰、高级醇、酸等产生。这些发酵副产物对啤酒有很大影响，它既可使啤酒口味丰满，也能对啤酒的口味、气味和泡持性产生不利影响。这些副产物数量虽少，除去少数呈异味者外，却是构成啤酒风味不可缺少的物质。但如果它们的浓度超过一定范围，也会造成啤酒口味上的缺陷。啤酒的风味特性是由所用的酿造工艺变化产生的。生青味物质（双乙酰、醛、硫化物）赋予啤酒不纯正、不成熟、不协调的口味和气味。浓度高时对啤酒质量具有不利影响。它们可在主酵和后酵进程中通过生化途径从啤酒中分离去，这也是啤酒后酵的目的。芳香物质（高级醇、酯）主要决定啤酒的香味。与生青味物质相反，芳香物质不能通过工艺技术途径从啤酒中去除。

双乙酰

啤酒中的双乙酰和 2,3– 戊二酮是在酿造过程中由酵母代谢形成的副产物。由于双乙酰和 2,3– 戊二酮都含有邻位双羰基，所以总称为连二酮。它们赋予啤酒不成熟、不协调的口味和气味。2,3– 戊二酮在啤酒中的含量要比双乙酰低得多，且它的口味阈值大约为 2 mg/L，是双乙酰口味阈值的 10 倍，所以 2,3– 戊二酮对啤酒风味影响不大，起主要作用的仍是双乙酰。双乙酰是啤酒中最主要的生青味物质，也称为馊饭味。双乙酰的口味阈值在 0.1 ~ 0.15 mg/L。目前双乙酰仍被视为啤酒是否成熟的一项重要指标。双乙酰是乙酰乳酸在酵母细胞外非酶氧化的产物，是酵母在生长繁殖时在酵母细胞体内用可发酵性糖经乙酰乳酸合成它所需要的缬氨酸、亮氨酸途径中的副产物，中间产物乙酰乳酸部分排出酵母细胞体外，经氧化脱羧作用生成双乙酰。双乙酰的消除又必须依赖于酵母细胞体内的酶来实现。迟缓的主发酵或后发酵容易使成品啤酒产生较多的双乙酰。深色和具有麦芽焦香的啤酒双乙酰含量较普通啤酒多一些。双乙酰的前体 α- 乙酰乳酸通过酵母的新陈代谢形成，无嗅无味。在以往的生产实践中通过减少乙酰乳酸的形成以便降低双乙酰的生成量，但效果不是很理想。既然不能通过减少 α- 乙酰乳酸的生成量来解决问题，那么只有加速双乙酰的转化过程的方法，来降低双乙酰含量。实践证明，啤酒发酵过程中双乙酰的高峰值出现在主发酵后期。形成的双乙酰只能借助酵母细胞中的酶被进一步还原分解，以减少对啤酒口味不利影响。下列因素有利于双乙酰分解：①防止酵母沉降或贮酒期间添加高泡酒，处于发酵期的酵母细胞分解连二酮的能力较强；②麦汁含有丰富的氨基酸（如减少辅料用量、低温下料、适当延长蛋白质休止时间、用溶解良好的麦芽等），缬氨基的含量充足，通过反馈作用抑制酵母菌由丙酮酸生物合成缬氨酸的代谢作用，相应地就抑制了 α-乙酰乳酸和双乙酰的生成；③麦汁中锌离子含量充足及充氧量适中，使酵母活力旺盛，还原双乙酰的能力强；④适当提高啤酒后酵温度，双乙酰分解受温度影响强烈，随着温度的升高，双乙酰分解能力增强；⑤发酵前期采取加压发酵工艺，由于双乙酰和戊二酮具有挥发性，发酵期间会通过 CO_2 排出，而乙酰乳酸不具挥发性，不易被清除掉，采取转化的方法；⑥可采取加 α- 乙酰乳酸脱羧酶的方法，使 α- 乙酰乳酸直接脱羧基转化为乙偶姻，阻断了双乙酰的转化过程。此方法可行且有效，缺点是生产成本增加，另外对酵母的发酵性能也有影响。总之，在实际生产中一定要注意以下几点：

（1）双乙酰（连二酮）的含量是啤酒成熟的标志，随着主酵期和后熟期的缩短，检查双乙酰含量的重要性也在不断增加；

（2）乙酰乳酸必须迅速转化为连二酮，为此需快速发酵至接近最终发酵度，低 pH，酵母添加后要避免吸氧，主酵和后熟要在较高温度下进行（在下面发酵工艺中，直至 18℃）；

（3）后熟需要有活力和有生命力的酵母细胞，通过有效措施防止酵母沉降；

（4）成熟啤酒的双乙酰总量（连二酮和前驱体）的标准值为 0.1 mg/L 以下；

（5）发酵晚期吸入氧气会导致乙酰乳酸的生成，这时生成的双乙酰已不可能被酵母完全降解，另外氧气的存在会使原有的乙酰乳酸进一步氧化成双乙酰。

高级醇

所谓高级醇类就是 3 个碳原子以上的醇类的总称，俗称杂醇油。高级醇是啤酒发酵过程中的主要副产物之一，是构成啤酒风味的重要物质。适宜的高级醇组成及含量，不但能促进啤酒具有丰满的香味和口味，且能增加啤酒口感的协调性和醇厚性。当高级醇超过一定含量时，会产生明显的杂醇油味，饮用过量还会导致人体不适，且使啤酒产生不细腻的苦味；若高级醇含量过低，则会使啤酒显得较为寡淡，酒体不够丰满，所以啤酒含有过量或过低高级醇都是不利的。因此，在一般的情况下，优质的淡色啤酒，其高级醇含量控制在 50 ~ 90 mg/L 的范围内是比较适宜的。啤酒发酵中生成的高级醇，以异戊醇（3- 甲基丁醇）的含量最高，约占高级醇总量的 50% 以上，其次为活性戊醇（2- 甲基丁醇）、异丁醇和正丙醇。此外，还有色醇、酪醇、苯乙醇和糠醇等。对啤酒风味影响较大的是异戊醇和 β- 苯乙醇，它们与乙酸乙酯、乙酸异戊酯、乙酸苯乙酯是构成啤酒香味的主要成分。高级醇是引起啤酒“上头”（即头痛）的主要成分之一。

酯

酯类是啤酒香味物质的主要成分，其含量虽少，但对啤酒的风味影响很大。适量的酯使啤酒香味丰满、协调；过量的酯会赋予啤酒不舒适的苦味和香味（果味）。酯在主发酵期间通过脂肪酸的酯化形成，少量酯也可通过高级醇的酯化生成。酯主要在酵母旺盛繁殖期生成，在啤酒后酵只有微量增加，其含量随着麦汁浓度和酒精浓度的增加而提高。后熟阶段的增加量取决于后酵情况。若后酵周期较长，酯量可增加一倍左右。在啤酒中已发现有 60 种不同的酯类物质，其中以下 6 种对啤酒口味具有重大意义：乙酸乙酯、乙酸异戊酯、乙酸异丁酯、β- 乙酸苯乙酯、己酸乙酯、辛酸乙酯。影响啤酒中酯含量的主要因素有酵母菌种、发酵温度、发酵压力、麦汁成分、贮酒时间等。

硫化物

硫是酵母生长和酵母代谢过程中不可缺少的微量成分，某些硫的代谢产物含量过高时常给啤酒风味带来缺陷，因此，引起人们的重视。啤酒中的硫化物分为非挥发性硫化物和挥发性硫化物，前者占 94%，对啤酒风味影响较小，但它们却是啤酒中挥发性硫化物的来源；而后者占 6%，对啤酒风味影响较大，某些硫化物的味阈值又比较低，这些物质在啤酒中的微量变化都会影响啤酒的质量。存在于啤酒中的挥发性硫化物主要有硫化氢（H_2S）、二甲基硫（$CH_3—S—CH_3$，dimethyl sulfide，简称 DMS）、硫醇（R—SH）、二氧化硫（SO_2）以及某些硫代羰基化合物。这些硫化物对啤酒风味往往有双重作用，即微量存在时是构成啤酒风味某些特点的必要条件，过量则不利。

酸

啤酒中含有多种酸，约在 100 种以上。多数有机酸都具有酸味，它是啤酒的重要口味成分之一。酸类不构成啤酒香味，它是呈味物质。酸味和其他成分协调配合，即组成啤酒的酒体。有的有机酸还另具特殊风味，如柠檬酸和乙酸有香味，而苹果酸和琥珀酸则酸中带苦。啤酒中有适量的酸会赋予啤酒爽口的口感；缺乏酸类使啤酒呆滞、不爽口；过量的酸使啤酒口感粗糙，不柔和、不协调，意味着污染产酸菌。一般情况下，啤酒中的总酸宜控制在 1.7 ~ 2.3 mL/100 mL。啤酒中的酸含量受生产原料、糖化方法、发酵条件、酵母菌种等因素影响，其中包括挥发性的（甲酸、乙酸）、低挥发性的（C_3、C_4、异 C_4、异 C_5、C_6、C_8、C_{10} 等脂肪酸）和不挥发性的（乳酸、柠檬酸、琥珀酸、苹果酸以及氨基酸、核酸、酚酸等）各种酸类。啤酒中的主要有机酸及含量见表 1–8。

醛类

啤酒中有多种羰基化合物，包括酮类和醛类。酮类对啤酒风味无任何影响，而醛类形成了一组重要的啤酒挥发性物质，对啤酒风味具有特殊的重要性。丙酮酸在丙酮酸脱羧酶作用下脱羧形成乙醛和二氧化碳，大部分乙醛受酵母乙醇脱氢酶作用还原成酒精。乙醛是啤酒发酵过程中产生的主要醛类，是酵母代谢的中间产物，是组成啤酒生青味的主要成分之一。啤酒中醛类的含量随着发酵过程快速增长，又随着啤酒的成熟含量逐渐减少。由于啤酒成熟后期各种醛类含量大都低于阈值，所以醛类对啤酒口味的影响并不大。乙醛是啤

表 1–8 啤酒发酵产生酸的阈值和含量

发酵产酸	乳酸	柠檬酸	丙酮酸	苹果酸	琥珀酸	乙酸	C_3 ~ C_{12} 酸
极限值	40	18	25	7.0	40	10	3 ~ 10
正常含量	4 ~ 12	25	15	3.5	14	6	2 ~ 5
总酸	0.04 ~ 0.13	0.23	0.04	0.05	0.28	0.1	0.2

总酸：每 100 mL 除气啤酒所需的 1 mol/L NaOH 的毫升数。

酒发酵过程中产生的主要醛类，也是啤酒中含量最高的醛类。成熟啤酒中乙醛的正常含量一般 < 10 mg/L，优质啤酒中乙醛含量一般在 1.5 ~ 2.5 mg/L 范围内。

除以上主要物质外，啤酒中的风味物质对于啤酒质量影响很大，它们的含量高低与控制发酵工艺条件有着直接的联系，可根据它们含量的多少去改变工艺条件，进而改善啤酒质量。

啤酒生产实训常见问题与解决方案参见附录 3。

【实训材料与器材】

酿酒酵母。

氢氧化钠，双氧水，氧气。

啤酒发酵成套设备。

【实训操作】

1. 检查发酵罐管件、阀门、仪表以及冰水供应是否正常，如无异常准备洗涤。

2. 洗涤（4 步法）

（1）水洗　发酵罐进料前，先用自来水间歇冲洗 15 min。

（2）碱洗　排净残留水后，用 45 ~ 50℃浓度为 5% NaOH 溶液循环清洗 30 min（碱液浓度降低时要及时补充），循环完毕，回收碱液。

（3）水洗　排净残留碱液后，用自来水清洗干净。

（4）双氧水洗　排净残留后，用浓度 5‰双氧水循环 30 min（市售双氧水浓度 30%，30% 的双氧水为 450 mL/25 kg 水）。循环完毕后，将罐内残留双氧水排放干净，关闭排气阀、进出料阀和出酒阀。

注意：

洗涤期间必须打开出酒阀。

发酵罐洗涤禁止热水、次氯酸等含氯的清毒剂杀菌。

3. 接种

发酵罐进麦汁前先添加酵母泥，剂量为麦汁量的 1%。干酵母为 0.1%，接种干酵母时可用最先排出冷却麦汁（11℃）水活化酵母。

注意：使用干酵母必须在麦汁冷却前半小时活化完毕，活化器必须用开水或双氧水严格清毒，确保无菌，并封闭。

4. 充氧

麦汁冷却过程中必须从换热器充氧口不间断充氧，罐内压力始终保持 0.03 MPa 至封罐，氧气瓶的安全使用规范参见附录 8。

5. 主（前）发酵

（1）酵母泥　大麦啤酒保持温度为 9.0 ± 0.2℃，压力为 0 ~ 0.03 MPa 至封罐，时间为 3 ~ 4 d。

（2）干酵母　大麦啤酒接种温度为 11 ~ 12℃，发酵温度保持在 11 ± 0.2℃，压力为 0 ~ 0.03 MPa，时间 2 ~ 3 d，糖度由 9.5 ~ 10.5 BX 降至 4.2 ± 0.2 BX 时封罐。

投料后第二天排冷凝固物。

投料后取样测糖（至封罐前，每天必测 2 次）。

主发酵结束为嫩啤酒。

6. 封罐（双乙酰还原）

（1）大麦啤酒　糖度降至 4.2 ± 0.2 BX 时，自然升温至 12℃，并保持，同时封罐，压力升至 0.14 MPa，并保持，时间为 4 d。

（2）检测双乙酰　封罐 3 ~ 4 d 后，取样品尝，若无明显双乙酰味，双乙酰含量低于 0.09 mg/L 时可降温；若有明显双乙酰味，可推迟 1 ~ 3 d 降温。糖度降至 2.8 BX 时开始降温。

7. 后发酵（贮酒）

还原结束后应当在 24 h 内按规定降温至 0℃（表温 2℃），并保持，同时保持罐内压力 0.14 MPa，时间上大麦啤酒 3 ~ 5 d，小麦啤酒 1 ~ 3 d。储酒期间若二氧化碳不足，可向储酒罐中充二氧化碳，一般说来发酵自身产生的二氧化碳足够使用。二氧化碳瓶的使用规范参见附录 9。

注意：降温规定，5℃以前，以 0.5 ~ 0.7℃/h 的速率降温；5℃以后，以 0.1 ~ 0.3℃/h 的速率降温至 0℃。

8. 酵母处理

啤酒发酵温度降至 2℃时，酵母可回收利用，每天排放酵母 1 次，至啤酒基本澄清。

9. 记录

填写附录 2 相应表格。

10. 发酵过程出现的问题可参见附录 3。

【实训记录与思考】

1. 绘制发酵过程中温度、压力、糖度及酵母数的曲线，填写附表 2–8。
2. 为什么麦汁需要冷却后才能接种入罐？
3. 后发酵和主发酵各自的作用是什么？

任务二：糖度的测定

【实训目的】

学习用糖锤度计测定糖度的方法。

【实训原理】

麦汁的好坏将直接关系到啤酒的质量。工业上一般根据啤酒品种的不同来制造不同类型的麦芽汁，因此及时分析麦芽汁的质量、调整麦芽汁制造工艺显得尤为重要。麦汁的主要分析任务有麦汁浓度、总还原糖含量、氨基氮含量、酸度、色度、苦味质含量等。一般分析任务应在麦汁冷却 30 min 后取样。样品冷却后以滤纸过滤，滤液放于灭菌的三角瓶中，低温保藏。全部分析应在 24 h 内完成。为了调整啤酒酿制时的原麦汁浓度，控制发酵的进程，常常在麦汁过滤后、发酵过程中用简易的糖锤度计法测定麦汁的浓度。糖锤度计即糖度表，又称勃力克斯比重计。这种比重计是用纯蔗糖溶液的质量百分数来表示比值，它的刻度即糖度，规定在 20℃使用。BX 与比重的关系是，同一溶液若测定温度小于 20℃，则因溶液收缩，比重比 20℃时要高。若液温高于 20℃则情况相反。不在 20℃液温时测得的数值可从附表中查得 20℃时的糖度，如表 1–9 所示。我们说某溶液是多少 Brix 值或多少糖度，应是指 20℃的数值，麦汁浓度常用 BX 表示。换算举例：在 11℃液温用糖表读得啤酒主发酵液为 4.2 糖度，问 20℃的糖度为多 BX？查表：观测糖锤度温度校正表，11℃时的 4.2 糖度应减去 0.34 得 3.86，即 20℃时为 3.86 BX。糖度表本身作为产品，允许出厂误差为 0.2 BX，放在啤酒发酵液中指示时，由于 CO_2 上升的冲力使表上升而读数偏高，故刚从发酵容器取出的样品须过半分钟待 CO_2 逸走后再读数。

表 1–9　糖度与温度校正表（部分）

温度	1 Bx	2 Bx	3 Bx	4 Bx	5 Bx	6 Bx	7 Bx	8 Bx	9 Bx	10 Bx	11 Bx	12 Bx
15℃	0.20	0.20	0.2	0.21	0.22	0.22	0.23	0.23	0.24	0.24	0.24	0.25
16℃	0.17	0.17	0.18	0.18	0.18	0.18	0.19	0.19	0.20	0.20	0.20	0.21
17℃	0.13	0.13	0.14	0.14	0.14	0.14	0.14	0.15	0.15	0.15	0.15	0.16
18℃	0.09	0.09	0.10	0.10	0.10	0.10	0.10	0.10	0.10	0.10	0.10	0.10
19℃	0.05	0.05	0.05	0.05	0.05	0.05	0.05	0.05	0.05	0.05	0.05	0.05
	–	–	–	–	–	–	–	–	–	–	–	–
20℃	0	0	0	0	0	0	0	0	0	0	0	0
	+	+	+	+	+	+	+	+	+	+	+	+
21℃	0.04	0.05	0.05	0.05	0.05	0.05	0.05	0.06	0.06	0.06	0.06	0.06
22℃	0.10	0.10	0.10	0.10	0.10	0.10	0.10	0.11	0.11	0.11	0.11	0.11
23℃	0.16	0.16	0.16	0.16	0.16	0.16	0.16	0.17	0.17	0.17	0.17	0.17

续表

温度	1 Bx	2 Bx	3 Bx	4 Bx	5 Bx	6 Bx	7 Bx	8 Bx	9 Bx	10 Bx	11 Bx	12 Bx
24℃	0.21	0.21	0.22	0.22	0.22	0.22	0.22	0.23	0.23	0.23	0.23	0.23
25℃	0.27	0.27	0.28	0.28	0.28	0.28	0.29	0.29	0.30	0.30	0.30	0.30
26℃	0.33	0.33	0.34	0.34	0.34	0.34	0.35	0.35	0.36	0.36	0.36	0.36
27℃	0.40	0.40	0.41	0.41	0.41	0.41	0.41	0.42	0.42	0.42	0.42	0.43
28℃	0.46	0.46	0.47	0.47	0.47	0.47	0.48	0.48	0.49	0.49	0.49	0.50
29℃	0.54	0.54	0.55	0.55	0.55	0.55	0.55	0.56	0.56	0.56	0.57	0.57
30℃	0.61	0.61	0.62	0.62	0.62	0.62	0.62	0.63	0.63	0.63	0.64	0.64
31℃	0.69	0.69	0.70	0.70	0.70	0.70	0.70	0.71	0.71	0.71	0.72	0.72
32℃	0.76	0.77	0.77	0.78	0.78	0.78	0.78	0.79	0.79	0.79	0.80	0.80

【实训材料与器材】

量筒，糖锤度计等。

【实训操作】

1. 取 100 mL 麦汁或除气啤酒，放于 100 mL 量筒中，放入糖锤度计，待稳定后从糖锤度计与麦汁液面的交界处读出糖度，同时测定麦汁温度，根据校准值计算 20℃时的麦汁糖度。

2. 若糖度较低，糖度计不能浮起来，可多加一些麦汁，直至糖锤度计浮在液体中。

注意：糖锤度计易碎，使用时要格外小心。

【实训记录与思考】

详细记录实训条件及各结果。

任务三：酿酒酵母的质量检查

【实训目的】

1. 掌握酵母菌种的质量鉴定方法。

2. 了解酵母质量鉴别在啤酒生产中的意义及作用。

【实训原理】

酵母的质量直接关系到啤酒的好坏。酵母活力强，发酵就旺盛；若酵母被污染或发生变异，酿制的啤酒就会变味。因此，不论在酵母扩大培养过程中还是在发酵过程中，必须对酵母质量进行跟踪调查，以防产生不正常的发酵现象，必要时对酵母进行纯种分离，对分离到的单菌落进行发酵性能的检查。酵母的质量检查主要包括酵母形态观察、死亡率检查、出芽率检查、凝集性试验、纯种监测试验等。酵母形态观察及出芽率检测可通过酵母水浸片或结晶紫染色后显微镜观察获得细胞形态特征。死亡率检测采用美蓝对酵母进行染色，具有较强还原能力的活细胞能使美蓝由氧化型蓝色还原为无色，而死细胞及代谢缓慢的老细胞则因无此还原能力而被美蓝染成蓝色或浅蓝色，从而可以区别死细胞还是活细胞，不同时期有所不同。关于糖原染色，啤酒生产中有力的或健壮的酵母细胞中始终含有糖原，衰老的细胞及长时间在水中贮存的酵母则积累的糖原完全消失，经过碘液染色后，含糖原细胞呈棕褐色，不含糖原的细胞呈浅黄色。对下面发酵来说，凝集性的好坏涉及发酵的成败。若凝集性太强，酵母沉降过快，发酵度就太低；若凝集性太弱，发酵液中悬浮有过多的酵母，对后期的过滤会造成很大的困难，啤酒中也可能会有酵母味。通常啤酒发酵过程中死细胞一般控制在 1%～3%，小于 5%；糖原控制在 70% 左右。

【实训材料与器材】

0.25% 美蓝（又称次甲基蓝，methylene blue）水溶液　0.25 g 美蓝溶于 100 mL 水中。

碘液。

乙酸缓冲液（pH 4.5）　0.51 g 硫酸钙，0.68 g 硫酸钠，0.405 g 无水乙酸溶于 100 mL 水中。

乙酸钾（钠）培养基（g/L）　葡萄糖 0.6 g，蛋白胨 2.5 g，乙酸钾（钠）5 g，琼脂 20 g，pH 7.0。

麦芽汁平板培养基（g/L）　麦芽汁 1 000 mL，琼脂 20 g，121℃，灭菌 30 min。

显微镜，恒温水浴箱，培养箱，高压蒸汽灭菌锅，带刻度的锥形离心管等。

【实训操作】

1. 显微形态检查

载玻片上放一小滴蒸馏水，挑酵母培养物少许，盖上盖玻片，在高倍镜下观察。优良健壮的酵母应形态整齐均匀、表面平滑，细胞质透明均一。年幼健壮的酵母细胞内部充满细胞质；老熟的细胞出现液泡，呈灰色，折光性较强；衰老的细胞中液泡多，颗粒性贮藏物多，折光性强。

2. 死亡率检查

检查方法同上，可用水浸片法，也可用血细胞计数板法。酵母细胞用 0.25% 美蓝水溶液染色后，由于活细胞具有脱氢酶活力，可将蓝色的美蓝还原成无色的美白，因此染不上颜色，而死细胞则被染上蓝色。一般新培养酵母的死亡率应在 1% 以下，生产上使用的酵母死亡率在 3% 以下。

3. 出芽率检查

出芽率指出芽的酵母细胞占总酵母细胞数的比例。随机选择 5 个视野，观察出芽酵母细胞所占的比例，取平均值。一般生长健壮的酵母在对数生长阶段出芽率可达 60% 以上。

4. 凝集性试验

凝集性可通过本斯试验来确证：将 1 g 酵母湿菌体与 10 mL pH 4.5 的乙酸缓冲液混合，20℃平衡 20 min，加至带刻度的锥形离心管内，连续 20 min，每隔 1 min 记录沉淀酵母的容量。实验后检查 pH 是否保持稳定。一般规定 10 min 时的沉淀酵母量在 1.0 mL 以上者为强凝集性，0.5 mL 以下者为弱凝集性。

5. 纯种监测试验

配置酵母平板培养基，可直接选取麦芽汁，添加琼脂。取少许发酵液，适当稀释涂布平板，培养 24 h，观察是否有杂菌长出。

6. 糖原染色

在载玻片中央加一滴碘液，在无菌条件下取少许酵母于碘液中，盖上盖玻片，静置 1 min，显微镜下观察，含糖原的细胞呈棕褐色，不含糖原的细胞呈浅黄色，可计算糖原的百分比。

【实训记录与思考】

1. 详细记录各实验结果。
2. 评价酵母质量。

任务四：α-氨基氮含量的测定

【实训目的】

学习 α- 氨基氮含量的测定方法，控制麦汁或啤酒质量。

【实训原理】

α- 氨基氮为 α- 氨基酸分子上的氨基氮。水合茚三酮是一种氧化剂，可使氨基酸脱羧氧化，而本身被还原成还原型水合茚三酮。还原型水合茚三酮再与未还原的水合茚三酮及氨反应，生成蓝紫色缩合物。其颜色深浅与游离 α- 氨基氮含量成正比，可在 570 nm 下比色测定。

【实训材料与器材】

显色剂　称取 10 g $Na_2HPO_4 \cdot 12H_2O$，6 g KH_2PO_4，0.5 g 水合茚三酮，0.3 g 果糖，用水溶解并定容至 100 mL（pH 6.6 ~ 6.8），棕色瓶低温保存，可用两周。

乙酸钾稀释液　溶 0.2 g 乙酸钾于 60 mL 水中，加 40 mL 95% 乙醇。

甘氨酸标准溶液　准确称取 0.107 2 g 甘氨酸，用水溶解并定容至 100 mL，0℃保存。用时 100 倍稀释。

分光光度计，电磁炉等。

【实训操作】

1. 样品稀释

适当稀释样品至 1 ~ 3 μg α- 氨基氮 /mL（麦汁一般稀释 100 倍，啤酒稀释 50 倍，啤酒应先除气）。

2. 测定

取 9 支 10 mL 比色管，其中 3 支吸入 2 mL 甘氨酸标准溶液，另 3 支各吸入 2 mL 试样稀释液，剩下 3 支吸入 2 mL 蒸馏水。然后各加显色剂 1 mL，盖玻塞，摇匀，在沸水浴中加热 16 min。取出，在 20℃冷水中冷却 20 min，分别加 5 mL 乙酸钾稀释液，摇匀。在 30 min 内以水样管为标准管，在 570 nm 波长下测各管的吸光度 A。

$$\alpha\text{- 氨基氮含量} = \frac{\text{样品管平均}A}{\text{标准管平均}A} \times 2 \times \text{稀释倍数} \times 100\%$$

式中，样品管平均 A/ 标准管平均 A 表示样品管与标准管之间的 α- 氨基氮之比。

注意：

必须严防任何外界痕量氨基酸的引入，所用比色管仔细洗涤，洗净后的手只能接触管壁外部。

测定时加入果糖作为还原性发色剂，乙酸钾稀释液的作用是使茚三酮保持氧化态，以阻止进一步发生不希望的生色反应。

深色麦汁或深色啤酒应对吸光度作校正：取 2 mL 样品稀释液，加 1 mL 蒸馏水和 5 mL 乙酸钾稀释液在 570 nm 波长下以空白做对照测吸光度，将此值从测定样品吸光度中减去。

【实训记录与思考】

啤酒色泽是否会对结果产生影响?

任务五：酸度和 pH 的测定

【实训目的】

掌握酸度和 pH 的测定方法，监测啤酒发酵的过程。

【实训原理】

啤酒中含有各种酸类约 100 种以上，生产原料、糖化方法、发酵条件、酵母菌种都会影响啤酒中的酸含量。其中包括挥发性酸（甲酸、乙酸），低挥发性酸（C_3、C_4、异 C_4、异 C_5、C_6、C_8、C_{10} 等脂肪酸）和不挥发性酸（乳酸、柠檬酸、琥珀酸、苹果酸以及氨基酸、核酸、酚酸等）各种酸类。总酸是指样品中能与强碱（NaOH）作用的所有物质的总量，用中和每升样品（滴定至 pH 9.0）所消耗的 1 mol/L NaOH 的毫升数来表示，但在啤酒发酵液的测定过程中常用中和 100 mL 除气发酵液所需的 1 mol/L NaOH 的毫升数来表示。适宜的 pH 和适量的可滴定总酸能赋予啤酒以柔和清爽的口感；同时这些酸及其盐类也是酒中重要的缓冲物质，有利于各种酶的作用。由于样品有多种弱酸和弱酸盐，有较大的缓冲能力，滴定终点 pH 变化不明显，再加上样品有色泽，用酚酞做指示剂效果不是太好，最好采用电位滴定法。

【实训材料与器材】

0.1 mol/L NaOH 标准溶液（精确至 0.000 1 mol/L）。

0.05％酚酞指示剂　0.05 g 酚酞溶于 50% 中性酒精（普通酒精常含有微量的酸，可用

0.1 mol/L NaOH 溶液滴定至微红色即为中性酒精）中，定容至 100 mL。

自动电位滴定仪或普通碱式滴定管，pH 计等。

【实训操作】

1. 酸度测定

取 50 mL 除气发酵液，置于烧杯中，加入磁力搅拌棒，放于自动电位滴定仪上，插入 pH 探头，逐滴滴入 0.1 mol/L NaOH 标准溶液，直至 pH 9.0，记下耗去的 NaOH 毫升数。

若无自动电位滴定仪，可用下述酸碱滴定方法。

取 5 mL 除气发酵液，置于 250 mL 三角瓶中，加 50 mL 蒸馏水，再加 1 滴酚酞指示剂，用 0.1 mol/L NaOH 标准溶液滴定至微红色（不可过量）经摇动后不消失为止，记下消耗的氢氧化钠溶液的体积 V（mL）。计算其总酸：

$$总酸（1\ mol/L\ NaOH\ 毫升数 /100\ mL\ 样品）= 20MV$$

式中，M 为 NaOH 的实际摩尔浓度，V 为消耗的氢氧化钠溶液的体积。

2. pH 测定

以 PHS–3C 型精密 pH 计为例来说明 pH 的测定方法。

PHS–3C 型 pH 计是一种精密数字显示 pH 计，在使用前应在蒸馏水中浸泡 24 h。接通电源后，先预热 30 min，然后进行标定。一般说来，仪器在连续使用时每天需标定一次。

（1）选择开关旋至 pH 档。

（2）调节温度补偿至室温。

（3）把斜率调节旋钮顺时针旋到底（即调到 100% 位置）。

（4）将洗净擦干的电极插入 pH 6.86 的缓冲液中，调节定位旋至 6.86。

（5）用蒸馏水清洗电极，擦干，再插入 pH 4.00 的标准缓冲液中，调节斜率至 pH 4.00。

（6）重复步骤（4）、（5），至定位和斜率数值稳定。

（7）清洗电极，吸干，将电极插入发酵液中，轻摇烧杯，使均匀接触，在显示屏中读出被测溶液的 pH。

（8）关闭电源，清洗电极，并将电极浸入饱和氢氧化钾溶液，以保持电极球泡的湿润，切忌浸泡于蒸馏水中。

【实训记录与思考】

1. 记录实验结果。
2. 酸碱滴定时为什么要用水稀释？

任务六：双乙酰的测定

【实训目的】

了解双乙酰的测定方法，监测啤酒质量。

【实训原理】

双乙酰（丁二酮）是赋予啤酒风味的重要物质。但含量过大能使啤酒有一种馊饭味。双乙酰的测定方法有气相色谱法、极谱法和比色法等。邻苯二胺比色法是连二酮类都能发生显色反应的方法，所以此法测得之值为双乙酰与戊二酮的总量，结果偏高。但此法快速简便，是常用的方法。用蒸汽将双乙酰从样品中蒸馏出来，加邻苯二胺，形成 2,3- 二甲基喹喔啉，其盐酸盐在 335 nm 波长下有一最大吸收峰，可进行定量测定。

【实训材料与器材】

1 % 邻苯二胺　精密称取分析纯邻苯二胺 250.0 mg，溶于 4 mol/L 盐酸中，并定容至 25 mL，贮于棕色瓶中，限当日使用；

消泡剂　有机硅消泡剂或甘油聚醚。

紫外分光光度计，双乙酰蒸馏装置（如图 1–8 所示）。

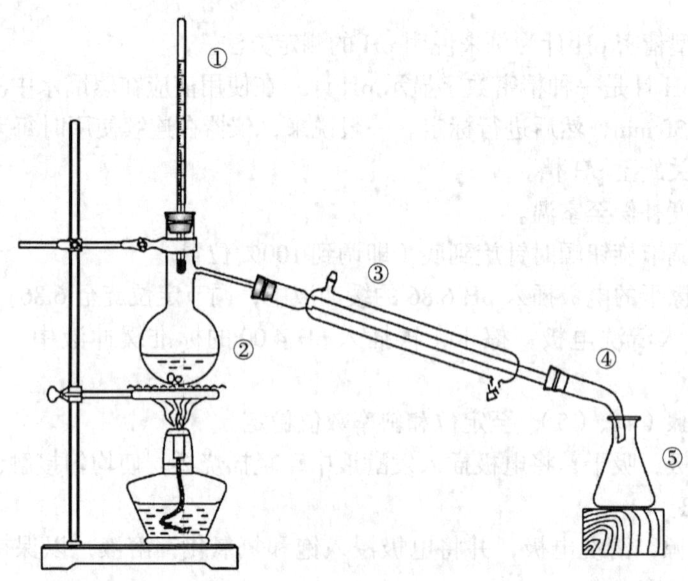

图 1–8　双乙酰蒸馏装置示意图

①温度计，②蒸馏烧瓶，③冷凝管，④承接管，⑤三角瓶

【实训操作】

1. 如图 1–8 将双乙酰蒸馏装置安装好，将夹套蒸馏器下端的排气夹子打开。

2. 将内装 2.5 mL 蒸馏水的容量瓶（或量筒）放于冷凝器下，使出口尖端浸没在水面下，外加冰水冷却。

3. 加热蒸汽发生器至沸，通汽加热夹套，备用。

4. 于 100 mL 量筒中加入 2 ~ 4 滴消泡剂，再注入 5℃左右未除气啤酒 100 mL。

5. 待夹套蒸馏器下端冒大汽时，打开进样口瓶塞，将啤酒迅速注入蒸馏器内，再用约 10 mL 蒸馏水冲洗量筒，同时倒入，迅速盖好进样口塞子，用水封口。

6. 待夹套蒸馏器下端再次冒大汽时，将排气夹子夹住，开始蒸馏，到馏出液接近25 mL时取下容量瓶，用水定容至25 mL，摇匀（蒸馏应在3 min内完成）。

7. 分别吸取馏出液10 mL于两支比色管中。一管作为样品管加入0.5 mL邻苯二胺溶液，另一管作空白，充分摇匀后，同时置于暗处放置20～30 min。然后于样品管中加2 mL 4 mol/L盐酸溶液，于空白管中加2.5 mL 4 mol/L盐酸溶液，混匀。

8. 在335 nm波长处，用2 cm比色皿以空白作对照测定样品吸光度值，计算公式如下：

$$双乙酰（mg/L）=A_{335}\times 1.2$$

【注意事项】

1. 蒸馏时加入试样要迅速，勿使双乙酰损失，蒸馏要求在3 min内完成。
2. 显色反应在暗处进行，否则导致结果偏高。

【实训记录与思考】

记录实训结果，评价双乙酰的含量对啤酒风味的影响。

任务七：色度的测定

【实训目的】

了解用目视比色法测定啤酒色度的方法，监测发酵液的质量。

【实训原理】

色泽与啤酒的清亮程度有关，是啤酒的感官指标之一。啤酒依色泽可分为淡色、浓色和黑色等几种类型，每种类型又有深浅之分。淡色啤酒以浅黄色稍带绿色为好，给人以愉快的感觉。形成啤酒颜色的物质主要是类黑精、酒花色素、多酚、黄色素以及各种氧化物，浓黑啤酒中还有多量的焦糖。淡色啤酒的色素主要取决于原料麦芽和酿造工艺，深色啤酒的色泽来源于麦芽，另外也需添加部分着色麦芽或糖色；黑啤酒的色泽则主要依靠焦香麦芽、黑麦芽或糖色所形成。造成啤酒色深的因素有如下几种：①麦芽煮沸色度深，②糖化用水pH偏高，③糖化、煮沸时间过长，④洗糟时间过长，⑤酒花添加量大、单宁多，酒花陈旧，⑥啤酒含氧量高，⑦啤酒中铁离子偏高。对淡色啤酒来说，其颜色与稀碘液的颜色比较接近，因此可用稀碘液的浓度来表示。色度的Brand单位就是指滴定到与啤酒颜色相同时100 mL蒸馏水中需添加的0.1 mol/L碘液的毫升数。淡色啤酒的色度最好在5～9.5 EBC。要控制好啤酒的色度，应注意以下几点：①选择麦汁煮沸色度低的优质麦芽，适当增加大米用量，使用新鲜酒花，选用软水，对硬度高的水应预先处理；②糖化时适当添加甲醛，调酸pH，煮沸时应控制pH在5.2；③严格控制糖化、过滤、麦汁煮沸时间，不得延长，冷却时间宜在60 min；④防止啤酒吸氧过多，严格控制瓶颈空气含量，巴氏消毒时间不能太长。欧洲啤酒协会色度值EBC与Brand法色度单位的比较如表1–10。

表 1-10　EBC 与 Brand 法色度单位的对应关系（部分）

EBC	Brand	EBC	Brand	EBC	Brand	EBC	Brand	EBC	Brand
2.0	0.11	2.5	0.14	3.0	0.17	3.5	0.21	4.0	0.23
4.5	0.27	5.0	0.30	5.2	0.31	5.4	0.32	5.6	0.34
5.8	0.35	6.0	0.36	6.2	0.37	6.4	0.39	6.6	0.40
6.8	0.41	7.0	0.43	7.2	0.44	7.4	0.45	7.6	0.47
7.8	0.48	8.0	0.49	8.2	0.51	8.4	0.52	8.6	0.53
9.0	0.56	9.2	0.58	9.4	0.59	9.6	0.60	10	0.62
12	0.78	14	0.93	16	1.1	18	1.3	20	1.4

【实训材料与器材】

0.1 mol/L 碘标准溶液。

100 mL 比色管，白瓷板，吸管，移液器等。

【实训操作】

1. 取 2 支比色管，一支中加入 100 mL 蒸馏水，另一支中加入 100 mL 除气啤酒发酵液（或麦芽汁，或啤酒），面向光亮处，立于白瓷板上。

2. 用 1 mL 移液器吸取 1.00 mL 碘液，逐滴滴入装水比色管中，并不断用玻棒搅拌均匀，直至从轴线方向观察其颜色与样品比色管相同为止，记下所消耗的碘液体积 V（准确至小数后第二位）。

3. 样品的色度 =10 NV

注意：若用 50 mL 比色管，结果乘以 2；不同样品须在同等光强下测定，最好用日光灯或北向光线，不可在阳光下测定。麦汁应澄清，可经过滤或离心后测定。

4. 查表 1-10 确定啤酒的色度。

【实训记录与思考】

对色泽较深的麦汁应怎样处理?

任务八：啤酒酒精度的测定

【实训目的】

1. 学习用蒸馏法分离被测组分的方法。

2. 学习用密度瓶法测定液体密度的方法，并根据其密度查表求其浓度。

【实训原理】

用小火将啤酒中的酒精蒸馏出来，收集馏出液。用密度瓶测定馏出液的密度，相对密度以相同温度下同体积的溶液和纯水之间的质量比来表示。根据密度－酒精度对照表，可查得酒精含量。

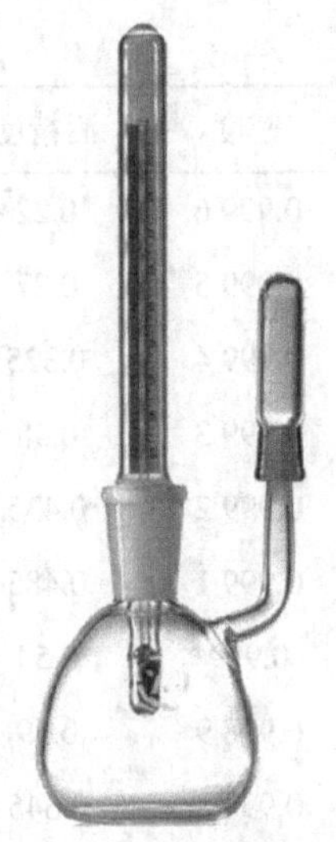
图 1–9　密度瓶示意图

【实训材料与器材】

电炉，调压变压器，铁架台，500 mL 圆底烧瓶（锥形瓶），冷凝器，100 mL 容量瓶；规格为 25 mL 附有温度计并具有磨口帽小支管的密度瓶，如图 1–9 所示。

【实训操作】

1. 样品处理

（1）在已精确称重的 500 mL 图底烧瓶中，添加 100.0 g 除气啤酒，再加 50 mL 水。

（2）安装上冷凝器，冷凝器下端用一已知质量的 100 mL 容量瓶或量筒接收馏出液。若室温较高，为了防止酒精蒸发，可将容量瓶浸于冷水或冰水中。

（3）将蒸馏瓶中的啤酒加热，蒸馏至馏出液接近 100 mL 时停止加热。

（4）取下容量瓶，于普通天平上加蒸馏水至馏出液重 100.0 g，混匀。

2. 馏出液密度的测定

（1）密度瓶质量　将密度瓶洗干净后，吹干或低温烘干（可用少量酒精或乙醚洗涤），冷却至室温，称重。

（2）（密度瓶＋蒸馏水）总质量　将煮沸 30 min 并冷却至 15～18℃的蒸馏水装满密度瓶（注意瓶内不要有气泡），装上温度计，立即浸入 20±0.1℃的恒温水浴中，让瓶内温度计在 20℃下保持 20 min，取出密度瓶用滤纸吸去溢出支管外的水，立即盖上小帽，室温下平衡温度后，擦干瓶壁上的水，精确称重。

（3）（密度瓶＋馏出液）总质量　倒出蒸馏水，用少量馏出液洗涤后，加入冷却至 15～19℃的馏出液，按上文步骤（2）称重。

（4）相对密度计算

$$\text{馏出液相对密度}=\frac{\text{（密度瓶＋馏出液）总质量－密度瓶质量}}{\text{（密度瓶＋蒸馏水）总质量－密度瓶质量}}$$

3. 查密度－酒精度对照表 1–11，求得酒精含量。

我国规定 11 度啤酒的酒精含量不低于 3.2%，12 度啤酒的酒精含量不低于 3.5%。

表 1–11　密度－酒精度对照表

密度	酒精度	密度	酒精度	密度	酒精度	密度	酒精度
1	0	0.997	1.62	0.994	3.32	0.991	5.13
0.999 9	0.05 5	0.996 9	1.675	0.993 9	3.375	0.990 9	5.19
0.999 8	0.11	0.996 8	1.73	0.993 8	3.435	0.990 8	5.255
0.999 7	0.165	0.996 7	1.785	0.993 7	3.49	0.990 7	5.315

续表

密度	酒精度	密度	酒精度	密度	酒精度	密度	酒精度
0.999 6	0.22	0.996 6	1.84	0.993 6	3.55	0.990 6	5.375
0.999 5	0.27	0.996 5	1.89	0.993 5	3.61	0.990 5	5.445
0.999 4	0.325	0.996 4	1.95	0.993 4	3.67	0.990 4	5.51
0.999 3	0.38	0.996 3	2.005	0.993 3	3.73	0.990 3	5.57
0.999 2	0.435	0.996 2	2.06	0.993 2	3.785	0.990 2	5.635
0.999 1	0.485	0.996 1	2.12	0.993 1	3.845	0.990 1	5.7
0.999	0.54	0.996	2.17	0.993	3.905	0.99	5.76
0.998 9	0.59	0.995 9	2.225	0.992 9	3.965	0.989 9	5.82
0.998 8	0.645	0.995 8	2.28	0.992 8	4.03	0.989 8	5.89
0.998 7	0.7	0.995 7	2.335	0.992 7	4.09	0.989 7	5.95
0.998 6	0.75	0.995 6	2.39	0.992 6	4.15	0.989 6	6.015
0.998 5	0.805	0.995 5	2.45	0.992 5	4.215	0.989 5	6.08
0.998 4	0.855	0.995 4	2.505	0.992 4	4.275	0.989 4	6.15
0.998 3	0.91	0.995 3	2.56	0.992 3	4.335	0.989 3	6.025
0.998 2	0.965	0.995 2	2.62	0.992 2	4.4	0.989 2	6.27
0.998 1	1.115	0.995 1	2.675	0.992 1	4.46	0.989 1	6.33
0.998	1.07	0.995	2.73	0.992	4.52	0.989	6.395
0.997 9	1.125	0.994 9	2.79	0.991 9	4.58	0.988 9	6.455
0.997 8	1.18	0.994 8	2.85	0.991 8	4.64	0.988 8	6.52
0.997 7	1.235	0.994 7	2.91	0.991 7	4.7	0.988 7	6.58
0.997 6	1.285	0.994 6	2 970	0.991 6	4.76	0.988 6	6.645
0.997 5	1.345	0.994 5	3.03	0.991 5	4.825	0.988 5	6.71
0.997 4	1.4	0.994 4	3.09	0.991 4	4.885	0.988 4	6.78
0.997 3	1.455	0.994 3	3.15	0.991 3	4.945	0.988 3	6.84
0.997 2	1.51	0.994 2	3.205	0.991 2	5.005	0.988 2	6.91
0.997 1	1.565	0.994 1	3.265	0.991 1	5.07	0.988 1	6.98

【注意事项】

1. 啤酒的除气都应该在低于25℃的恒温室中操作，在蒸馏初沸前要缓慢加热，防止酒液急剧沸腾、泡沫溢出。

2. 接收馏出液的容量瓶要外加冰水浴（0～1℃），还要注意容量瓶的瓶口与冷凝器出口的直径，两者连接处宜宽松些，否则会产生“冒泡”现象，降低酒精含量。

3. 将 15 ~ 19℃的试样装入密度瓶后，在 20 ± 0.1℃高精度恒温水浴中，待内容物温度达到 20℃，并保持 5 min 不变后取出，迅速用滤纸擦去溢出支管的溶液，立即盖上小帽，擦干整个瓶外壁后称重。升温时禁止用手捂或放在室内自然升温，以免使比重瓶内溶液受热不均，产生较大误差。

4. 称重的速度要快，特别是夏季，当室温高于 20℃时，比重瓶内的溶液会升温而外溢，比重瓶外壁会由于温度差而产生水珠，产生误差；称重时要戴薄型的尼龙手套，防止汗液黏附在瓶上；确保恒温称重及防止酒精挥发。

【实训记录与思考】

是否可以在馏出液接近 90 mL 时停止蒸馏？如果馏出液大于 100 mL，会对结果产生怎样的影响？

第五节　啤酒的品评

【实训目的】

了解品酒方法，品评啤酒。

【实训原理】

啤酒是成分非常复杂的胶体溶液。啤酒的感官性品质同其组成有密切的关系。啤酒中的成分除了水以外，主要由两大类物质组成：一类是浸出物，另一类是挥发性成分。浸出物主要包括糖类、含氮化合物、甘油、矿物质、多酚物质、苦味物质、有机酸、维生素等；挥发性成分包括酒精、CO_2、空气、高级醇类、酸类、醛类、连二酮类等。由于这些成分的不同和工艺条件的差别，造成了啤酒感官性品质的异同。所谓评酒就是通过对啤酒的滋味、口感以及气味的整体感觉来鉴别啤酒的风味质量。评酒的要求很高，如统一用内径 60 mm、高 120 mm 的毛玻璃杯，酒温以 10 ~ 12℃为宜，一般从距杯口 3 cm 处倒入，倒酒速度适中。评酒以百分制计分：外观 10 分，气味 20 分，泡沫 15 分，口味 55 分。良好的啤酒，除理化指标必须符合质量标准外，还必须满足以下的感官性品质要求，见附录 1 ~ 4。啤酒质量的评价主要有以下指标：

1. 外观

啤酒外观包括色泽、透明度和泡沫。

（1）色泽、透明度　啤酒是一种胶体溶液，刚过滤出的啤酒由于固体颗粒微小肉眼看不到，包装后贮存一定时间由于温度、氧化、啤酒成分等的影响，啤酒中的蛋白质、多酚物质等经过氧化聚合等作用逐步转变成肉眼可以看到的悬浮物或沉淀物而使啤酒出现混浊、失光、沉淀等现象。啤酒的透明度一般用浊度仪测定，要求浊度应小于 2.0 EBC。

（2）泡沫　当啤酒倒入杯中时，泡沫应高而持久、洁白、细腻、挂杯，泡沫持久应达 4 min 以上。良好的泡沫性能必须表现在泡沫持久性（泡持性）长，泡沫体积大、泡沫附着力（挂杯性能）强、细腻、洁白。低表面张力的物质有利于泡沫的形成，要具有上述良好的泡沫性能，啤酒必须含有充分低表面张力的物质，即表面活性物质。表面活性物质显著降低了啤酒的表面张力，低表面张力保证了泡沫薄膜不易破碎，表面张力主要影响泡沫的持久性，对泡沫的体积影响不大，CO_2 含量影响泡沫体积。当启瓶后，由于瓶内压力的降低，溶于啤酒中的 CO_2 就会缓慢地释放出来，伴随着产生一定量的泡沫。CO_2 越充足，泡沫体积越大。啤酒泡沫是啤酒的典型性之一，好的啤酒泡沫应达到洁白、细腻、持久挂杯的要求。影响啤酒泡沫的成分有蛋白质（发泡蛋白）、苦味物质和多糖类。

CO_2是啤酒泡沫产生的重要条件，CO_2含量充足可以使啤酒有良好的杀口力和丰富持久的泡沫。

2. 香气

当啤酒倒入杯中时，嗅之有明显酒花香气，没有生酒花味和老化气味及其他异香。优良的啤酒应口味纯正、柔和，并具有特有的耐人寻味的芳香，使人饮后有清爽、舒适的感觉。

3. 口味

口味纯正、爽口、醇厚、杀口。

啤酒的基本特性包括色、香、味、二氧化碳气的刺激、泡沫等。啤酒中要求口味纯正、爽口，酒体协调、柔和。发酵度高的啤酒口味淡爽，发酵度低的啤酒口味醇厚。要求各种呈味物质含量不能太高、比例应适当。啤酒的苦味应具有苦味消失快、无后苦味的特性。

啤酒中香气成分赋予啤酒美味感。淡色啤酒要求有突出的酒花香气，其他香气不能突出。产生香味的物质有高级醇、挥发酯、醛类和含硫化合物等，其中异戊醇、乙酸异戊酯、己酸乙酯等是啤酒的主要香味成分。这些成分既是香味的基础，又赋予酒体的丰满感。啤酒中含有的有机酸也参与啤酒香味的调和作用。来自麦芽的麦芽香是麦芽经焙燥、糖化等产生的。酒花香是酒花油溶于麦汁，经发酵后形成的特殊香气。酒花直接溶于啤酒产生的香气称为生酒花味，是不受欢迎的气味。发酵香气主要是啤酒在发酵过程中产生的高级醇、酯类等构成的，啤酒要求酒中香味物质的含量不宜过高，以保持啤酒纯正的传统风味。影响啤酒口味的成分有浸出物（残糖、含氮物质）、苦味物质、矿物质、有机酸、高级醇等。

啤酒的质量标准参见附录4，啤酒品评训练方法参见附录5，评酒员考选办法参见附录6；发酵罐若CO_2不足，可适当充入CO_2，CO_2瓶安全使用范围参见附录9。

【实训材料与器材】

发酵生产的啤酒。

玻璃酒杯，储酒罐等。

【实训操作】

1. 将啤酒冷至10～12℃，从储酒罐中取出。
2. 将啤酒自3 cm高处缓慢倒入玻璃酒杯内。
3. 在干净、安静的室内按附录1～4进行啤酒品评。

注意：

评酒时室内应保持干净，不允许杂味存在。

品评人员应保持良好心态，不能吸烟，不能吃零食。

【实训记录与思考】

将啤酒品评结果记录在记录册中，啤酒的给分与扣分标准见表1–12。

表 1–12　啤酒品评结果记录表

类别	任务	满分要求	缺点	扣分标准	样品
外观 10 分	透明度 5 分	迎光检查清亮透明，无悬浮物或沉淀物	清亮透明	0	
			光泽略差	1	
			轻微失光	2	
			有悬浮物或沉淀	3 ~ 4	
			严重失光	5	
	色泽 5 分	呈淡黄绿色或淡黄色	色泽符合要求	0	
			色泽较差	1 ~ 3	
			色泽很差	4 ~ 5	
	评语				
泡沫性能 15 分	起泡 2 分	气足，倒入杯中有明显泡沫升起	气足，起泡好	0	
			起泡较差	1	
			不起泡沫	2	
	形态 4 分	泡沫洁白	洁白	0	
			不太洁白	1	
			不洁白	2	
		泡沫细腻	细腻	0	
			泡沫较粗	1	
			泡沫粗大	2	
	持久 6 分	泡沫持久，缓慢下落	持久 4 min 以上	0	
			3 ~ 4 min	1	
			2 ~ 3 min	3	
			1 ~ 2 min	5	
			1 min 以下	6	
	挂杯 3 分	杯壁上附有泡沫	挂杯好	0	
			略不挂杯	1	
			不挂杯	2 ~ 3	
	喷酒缺陷	开启瓶盖时，无喷涌现象	没有喷酒	0	
			略有喷酒	1 ~ 2	
			有喷酒	3 ~ 5	
			严重喷酒	6 ~ 8	
	评语				

续表

类别	任务	满分要求	缺点	扣分标准	样品
啤酒香气20分	酒花香气4分	有明显的酒花香气	明显酒花香气	0	
			酒花香不明显	1~2	
			没有酒花香气	3~4	
	香气纯正12分	酒花香纯正，无生酒花香	酒花香气纯正	0	
			略有生酒花味	1~2	
			有生酒花味	3~4	
		香气纯正，无异香	纯正无异香	0	
			稍有异香味	1~4	
			有明显异香	5~8	
	无老化味4分	新鲜，无老化味	新鲜无老化味	0	
			略有老化味	1~2	
			有明显老化味	3~4	
	评语				
酒体口味55分	纯正5分	应有纯正口味	口味纯正，无杂味	0	
			有轻微的杂味	1~2	
			有较明显的杂味	3~5	
	杀口力5分	有二氧化碳刺激感	杀口力强	0	
			杀口力差	1~4	
			没有杀口力	5	
	苦味5分	苦味爽口适宜，无异常苦味	苦味适口，消失快	0	
			苦味消失慢	1	
			有明显的后苦味	2~3	
			苦味粗糙	4~5	
	淡爽或醇厚5分	口味淡爽或醇厚，具有风味特征	淡爽，不单调	0	
			醇厚丰满	0	
			酒体较淡薄	1~2	
			酒体太淡，似水样	3~5	
			酒体腻厚	1~5	
	柔和协调10分	酒体柔和、爽口、谐调，无明显异味	柔和、爽口、谐调	0	
			柔和、谐调较差	1~2	
			有不成熟生青味	1~2	
			口味粗糙	1~2	
			有甜味、不爽口	1~2	
			稍有其他异杂味	1~2	

续表

类别	任务	满分要求	缺点	扣分标准	样品
酒体口味55分	口味缺陷25分	不应有明显口味缺陷（缺陷扣分原则：各种口味缺陷分轻微、有、严重三等酌情扣分）	没有口味缺陷	0	
			有酸味	1 ~ 5	
			酵母味或酵母臭	1 ~ 5	
			焦煳味或焦糖味	1 ~ 5	
			双乙酰味	1 ~ 5	
			污染臭味	1 ~ 5	
			高级醇味	1 ~ 3	
			异脂味	1 ~ 3	
			麦皮味	1 ~ 3	
			硫化物味	1 ~ 3	
			日光臭味	1 ~ 3	
			醛味	1 ~ 3	
			涩味	1 ~ 3	
	评语				
总体评价			总计减分		
			总计得分		

【实训记录及思考】

1. 啤酒品评的关键指标有哪些?
2. 如何品评啤酒?

【参考文献】

1. 何伟，徐旭士 . 微生物学模块化实验教程 . 北京：高等教育出版社，2014
2. 宗绪岩 . 啤酒工艺学 . 北京：化学工业出版社，2016
3. 韩德权，王莘 . 微生物发酵工艺学原理 . 北京：化学工业出版社，2013
4. 陶兴无 . 生物工程设备 . 北京：化学工业出版社，2017

第二章

枯草芽孢杆菌发酵生产淀粉酶

α- 淀粉酶广泛分布于动物、植物和微生物中，能水解淀粉产生糊精、麦芽糖、低聚糖和葡萄糖等，是工业生产中应用最为广泛的酶制剂之一。目前 α- 淀粉酶已广泛应用于粮食加工、食品工业、酿造、发酵、纺织品工业和医药行业等。α- 淀粉酶是内切酶，酶的作用点仅限于淀粉链的 α-1,4 糖苷键，不能作用于 α-1,6 糖苷键，但能越过 α-1,6 糖苷键，将 α-1,4 糖苷键随机切断成长短不一的短链糊精，而使淀粉对碘呈蓝紫色的特异性反应逐渐变为红棕色。在酶解的最初阶段，α- 淀粉酶对淀粉的水解速度很快，但当水解到一定程度后，水解虽在继续进行，水解速度却变得缓慢。该酶的最小作用底物是麦芽三糖以上的低聚糖，对麦芽三糖的作用很弱，对麦芽糖没有水解能力。

枯草芽孢杆菌（*Bacillus subtilis*）是当今工业酶制剂的主要生产菌种之一，主要用于生产淀粉酶、蛋白酶和脂肪酶等。本实训利用高产的枯草芽孢杆菌生产 α- 淀粉酶，主要包括种子液的制备、发酵罐控制系统、发酵液的预处理、发酵参数测定、酶的分离纯化及酶活力测定，其工艺过程如图 2-1 所示。

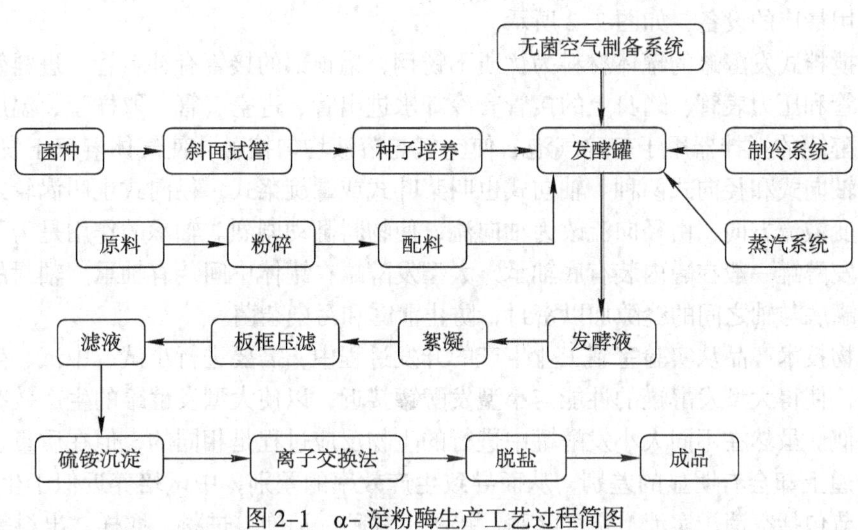

图 2-1　α- 淀粉酶生产工艺过程简图

本实训内容旨在以培养学生理论联系实际的能力为核心，以实际任务为中心，使学生系统掌握淀粉酶发酵工艺及过程控制原理，主要内容为认识机械搅拌式发酵罐、培养基的配制及灭菌、发酵过程控制、酶的分离纯化等。通过典型案例的生产实践，使学生系统掌握与酶制剂相关的基础理论及其应用，并具备在其他类似酶制剂产品中拓展应用的能力；

进一步培养学生对专业的认知和创新能力，将多学科知识灵活运用到生产实践技术和工程问题中，具备设计相关酶制剂生产、分离纯化及质量控制的能力。

任务一：认识机械搅拌式发酵罐及其使用

【实训目的】

1. 了解机械搅拌式发酵罐的内部结构组成，包括发酵罐主体、蒸汽灭菌系统、通气系统、加热冷却循环系统及其各管道连接关系、搅拌动力系统、智能控制系统及功能。
2. 掌握空气过滤系统操作、冷却系统操作、工艺参数控制。
3. 加深对分批培养的基本原理及过程的理解。

【实训原理】

机械搅拌式发酵罐是发酵罐中的一种，也是发酵罐中最常用的类型。机械搅拌式发酵罐的部件主要包括罐身、搅拌器、轴封、消泡器、中间轴承、空气分布器、挡板、冷却装置、人孔等；配套装置包括各工艺参数监测系统、空气除菌系统、蒸汽热力系统等。发酵罐主体各装置依据设计规范达到各自设置的作用。机械搅拌式发酵罐是利用搅拌器使空气和发酵液充分混合，促使氧气等气体在发酵液中发酵、溶解，保证微生物的繁殖、发酵所需的气体。机械搅拌式发酵罐应具备良好的传质和传热性能，结构严密，防止杂菌污染，培养基流动与混合良好。罐内应尽量减少死角，在保持生物反应要求前提下，降低耗能，有可行的管路比例和仪表控制，适用于灭菌操作和自动化控制。机械搅拌式发酵罐是发酵设备中应用最广的设备，如图 2–2 所示。

机械搅拌式发酵罐的罐体材料为优质不锈钢，罐顶部的接管有补料管、进料管、排气管、接种管和压力表管。罐身上的接管有冷却水进出管、进空气管、取样管、温度计管等接口。发酵罐的搅拌器用于打碎气泡，使空气与溶液均匀接触、使气体溶解于发酵液中，搅拌器分轴向式和径向式两种。轴向式也叫桨叶式或螺旋桨式，径向式也叫涡轮式。挡板是用于改变液流方向，由径向流改为轴向流，使物料翻动剧烈。轴承的作用是为了减少振动，中型发酵罐一般在罐内装有底轴承，大型发酵罐在罐体中间装有轴承。轴封的作用是使罐顶或罐底与轴之间的缝隙加以密封，防止泄露和污染杂菌。

微生物技术产品从实验室到工业生产的开发过程中，需要进行小试、中试、生产逐级放大培养，使得大型发酵罐的性能与小型发酵罐接近，以使大型发酵罐的生产效率与小型发酵罐相似。虽然在不同大小发酵罐中进行的生物反应过程是相同的，但在质量、热量和动量的传递上却会有明显的差别，从而导致生产效率的差别，中试培养近似于生产发酵。其工艺环节包括空消、实消、空气除菌、接种、移种、消泡、进料、取样、出料等。

发酵罐外有夹套以便加热或冷却。对于生产中使用的大型发酵罐，罐内装有冷却管。搅拌可采用电动机带动或磁力搅拌器，空气过滤可采用介质层过滤或聚乙烯醇滤芯空气过滤器，在液面上方一般安装有机械消泡器，可采用蒸汽杀菌的 pH 复合电极及 pH 控制装置，使用两台泵，一台用于流加酸，一台用于流加碱。

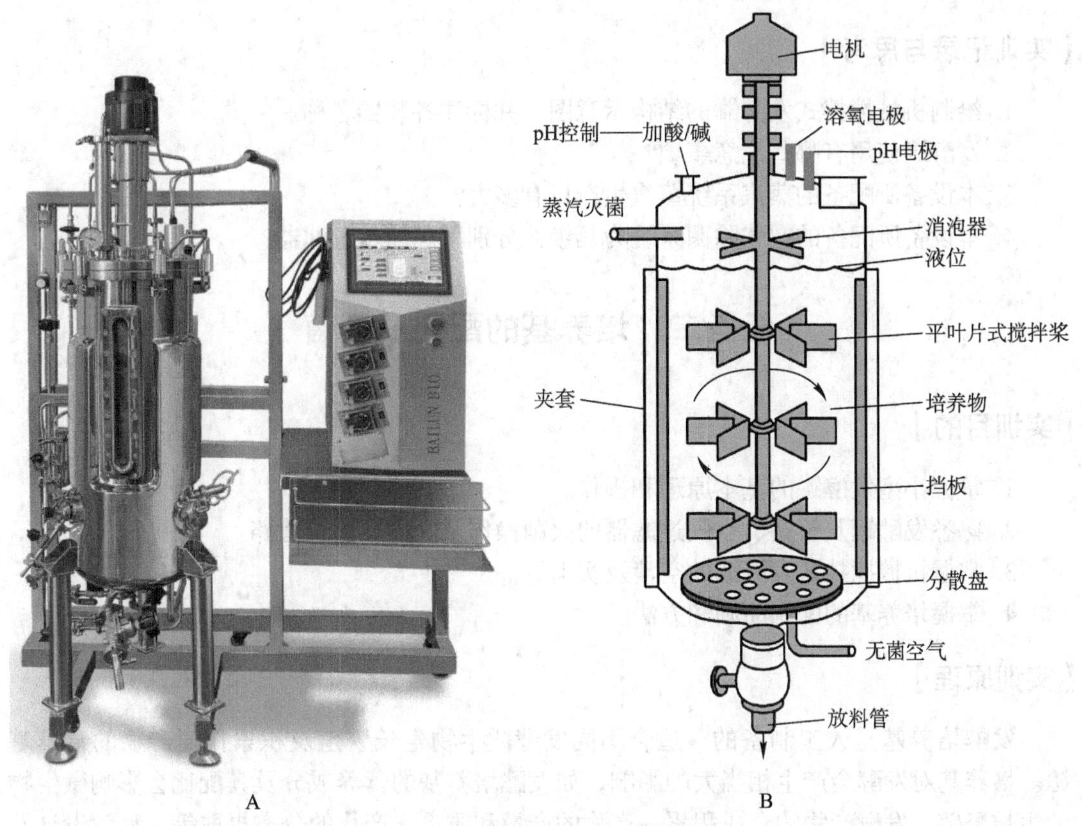

图 2–2　机械搅拌式发酵罐

A. 外观；B. 结构示意图

【实训材料与器材】

20 L 机械搅拌式发酵罐、蒸汽灭菌系统、无菌空气制备系统、冷却循环系统、智能控制系统。

【实训操作】

1. 打开内视灯观察以下各装置的情况：罐体的材料、高径比、封头形式；搅拌器组数、叶轮类型；挡板的组数及安装；空气分布装置的形式；轴封的类型和结构；消泡装置类型和安装；冷却装置的类型；进料、进气、排料、出料、取样装置；加热、冷却装置；压力、温度、pH、溶氧控制接口。
2. 考察本设备所配备的蒸汽系统组成。
3. 考察本设备所配备的空气除菌系统组成，并作出空气除菌流程示意图。
4. 发酵罐灭菌之前通常将与罐相连的空气过滤器用蒸汽灭菌，并用空气吹干。
5. 排净输料管路的污水并冲洗。
6. 发酵罐系统操作规范参见附录 10。

【实训记录与思考】

1. 绘制机械搅拌式发酵罐的结构示意图，并标注各装置名称。
2. 发酵罐使用有哪些注意事项？
3. 本设备所配备的蒸汽系统蒸汽生产量有多大？
4. 本设备所配备的空气除菌系统为几级？分别采用何种过滤器？

任务二：培养基的配制及灭菌

【实训目的】

1. 掌握小型发酵罐的基本原理和操作。
2. 熟悉发酵罐及管路、空气过滤器的灭菌操作及发酵罐系统管路。
3. 掌握机械搅拌式发酵罐的空消及实消。
4. 掌握培养基的配制原则和方法。

【实训原理】

发酵培养基是人工制备的，适合不同发酵微生物生长繁殖及积累代谢产物的营养基源。培养基对发酵会产生相当大的影响，如发酵培养基的营养成分及其配比会影响微生物的生长繁殖、发酵产物的合成积累、产物的产量和质量、产物的分离提取等。科学设计并合理确定发酵培养基，涉及整个发酵过程，具有多技术的集成特性，是实现微生物发酵产业化的关键技术之一。设计发酵培养基包括两个重要阶段：第一，详细了解发酵培养基的原材料及成分的理化特性；第二，对发酵培养基的原材料及成分进行合理选择和优化配比。虽然不同微生物的生理特性及发酵产物的生化特性也不同，但设计发酵培养基仍具有共同遵循的原则，如所有的微生物培养基都需要水、碳源、氮源、无机盐和生长因子。对于同种微生物的发酵而言实验室培养基与发酵培养基是不同的。实验室培养基可采用满足微生物营养需求的由纯化合物构成的合成培养基；而发酵培养基除了考虑满足微生物的营养需求之外，最重要的是考虑培养基原料的成本价格和来源难易（即成本和效益问题）。对发酵工业培养基的基本要求，遵循以下原则：①必须提供微生物生长繁殖与积累代谢产物的基本成分；②有利于消耗单位质量的营养物质（底物）将产生最大的菌体得率和产物得率，即单位质量营养物质（底物）的转化率最高；③有利于提高产物浓度，以提高单位体积发酵罐的生产能力；④有利于获得最高的产物合成速率，以缩短发酵周期；⑤尽量最大限度减少副产物的生成；⑥尽量减小对发酵过程中通气搅拌的影响程度，有利于提高氧的利用率；⑦尽量降低对发酵产物分离提取的难度，有利于减少废弃物质；⑧原料来源丰富，供应充足，质量稳定，价格低廉等。

通过对各类微生物细胞物质的分析可知，微生物细胞含有 80% 的水分和 20% 左右的干物质。在 20% 的干物质中，碳素含量约占 50%，氮素含量占 5%～13%，矿物质元素占 3%～10%。所以在配制培养基时必须满足微生物生长所需要的碳源、氮源、无机盐和水。某些合成能力较差的微生物还要在培养基中添加生长调节物质（如生长因子、前体物质、产物合成促进剂等）。

常用的灭菌技术一般分为物理灭菌和化学灭菌。物理灭菌又包括湿热灭菌、干热灭菌、射线灭菌和过滤灭菌等。化学灭菌主要是使用化学试剂（如甲醛、苯酚、新洁尔灭、过氧乙酸、高锰酸钾等）进行某些容器或物料以及无菌区域的灭菌。在生物发酵方面，常用的设备是机械搅拌式发酵，其杀菌效果的好坏直接影响到发酵是否能正常进行。由于工业操作的特点，发酵罐灭菌普遍采用湿热灭菌法。

【实验材料与器材】

斜面培养的枯草芽孢杆菌。

种子培养基（g/L）　麸皮 50 g，豆饼粉（牛肉浸膏 / 粉）30 g，NaCl 2 g，pH 7.0。

发酵培养基（g/L）　麸皮 320 g，十二水磷酸氢二钠 70.55 g，硝酸钾 28 g，消泡剂（植物油）42 g，pH 7.0。

1 000 mL 烧杯、玻璃棒、250 mL 锥形瓶、天平、粉碎机、电热炉、高压灭菌锅、灭菌吸头、移液器、酒精灯、75% 酒精、棉球、无菌操作台、封口膜、橡皮筋、恒温摇床、1 000 mL 锥形瓶、标签纸、一次性口罩、打火机、厚手套。

天平，机械搅拌式发酵罐。

【实训操作】

1. 空消

清洗培养罐内部，特别要注意在空气分布或取样管导出残留污物。罐内加入 20% ~ 30% 的水后，通入加热蒸汽（蒸汽需经过滤膜过滤），在 121℃下杀菌 15 min。杀菌过程中不断地打开阀门，确保彻底杀菌。杀菌完成后，从取样管将罐内液体排出。

2. pH 电极与 DO 电极的首次校正

（1）pH 电极的校正

① 配制 pH 为 4.00 与 6.86 的标准缓冲液；配制饱和亚硫酸钠溶液。

② 将 pH 电极放入 6.86 的标准缓冲液中，在“测量值 1”处输入 6.86，“当前电压”稳定后，点击“第一点确认”，系统会自动将“当前电压”处的数值记录到“测量电压 1”处。

③ 将 pH 电极放入 4.00 的标准缓冲液中，在“测量值 2”处输入 4.00，“当前电压”稳定后，点击“第二点确认”，系统会自动将“当前电压”处的数值记录到“测量电压 2”处。

④ 点击“自动校正”，系统会自动计算出零位和斜率。

（2）DO 电极的校正

① 将 DO 电极放入饱和亚硫酸钠溶液中，在“当前电压”稳定后，点击“第一点确认”，系统会自动将“当前电压”处的数值记录到“测量电压 1”处。

② 将 DO 电极放入饱和湿度的空气中（用湿润滤纸包裹电极亦可），在“测量值 2”处输入标准值 98，“当前电压”稳定后，点击“第二点确认”，系统会自动将“当前电压”处的数值记录到“测量电压 2”处。

③ 点击“自动校正”，系统会自动计算出零位和斜率。

3. 培养基制备

培养基的加入量一般为罐容积的 50% ~ 60%。称量好的培养基各组分，经溶解后加入到发酵罐中。此时培养液的体积为实际所需培养基容积的 80%。由于蒸汽灭菌过程中有大量的蒸汽转变为水，使发酵液体积增大。对于合成培养基的灭菌操作，应将葡萄糖与磷酸盐分别灭菌后，在开始培养前加入以避免在灭菌过程中葡萄糖与氮化合物之间发生美拉德反应，以及磷酸盐与其他金属离子形成沉淀。

4. 安装控制装置

安装调试好 pH 电极、氧电极、消泡电极等。

5. 将配好的培养基泵送到发酵罐（及种子罐或料罐）后，将各排气阀打开；灭菌前将蒸汽引入夹套或蛇管进行预热，待罐温升至 80 ~ 90℃时，将排气阀逐渐关小；夹套内通入加热蒸汽，使培养液温度达到 80℃以上。

6. 实消与冷却

随后将蒸汽直接通入发酵罐，在 121℃下杀菌 15 min。杀菌过程中间断打开各阀门，排出内部空气，以保证各管内杀菌完全。此时如果不采用夹套预热至一定温度，直接通入蒸汽灭菌的话，培养基装置内冷凝水增加，将增加培养液体积调节的难度。灭菌完全后，夹套内通入冷却水，进行培养基的冷却。为保证罐内正压，应通入适量无菌空气。

7. 将蒸汽从进气口、排料口、取样口直接通入罐中，使罐温上升到 118 ~ 120℃，开动搅拌并开始灭菌，维持罐压 0.1 MPa（表压），并保持 30 min 左右；各路进气要畅通，防止短路逆流；各路排气也要畅通，但排气量不宜过大，以节约用气量；保温，凡进口在培养液以下的各管道都应进气，凡开口在培养液以上者均应排汽。不断地排出管路及罐内的蒸汽冷凝水。

8. 保压

灭菌结束后，先关闭所有的排汽阀，后关蒸汽进口阀，待罐内压力低于无菌空气压力后，向罐内通入无菌空气，以防止物料倒流至过滤器，否则后果严重；降温，在夹套或蛇管中通入冷却水降温，直至降到发酵温度。

9. pH 电极和 DO 电极的再次校正

（1）DO 电极校正　搅拌速度与发酵过程的正常转速一致，通气量与发酵过程的正常通气量一致，标定溶氧为“100”，本实验设定 118.3% 时为 100% 溶氧。

（2）取样（参比液）　打开取样蒸汽进气阀，取下取样口螺盖，使取样口排出蒸汽，关闭夹套蒸汽阀，使取样口蒸汽排完，关闭取样蒸汽进气阀，拧松取样阀（开启方向与正常螺旋相反），使取样口流出发酵液。取样 100 mL 于灭菌锥形瓶（作为参比液存于 4℃冰箱），打开取样蒸汽进气阀，使取样口排出蒸汽（待冲净取样口），拧上取样口螺盖，使蒸汽从取样阀排出，打开取样蒸汽出气阀，拧紧取样阀，灭菌 10 min，关闭蒸汽发生装置。

（3）测参比液 pH，以此数值对 pH 电极校正，本实训测得参比液 pH 为 7.14，故将下位机此时 pH 调为该值。

【实训记录与思考】

1. 发酵罐灭菌如何做到灭菌彻底，如何消除死角？
2. 实消与空消有哪些注意事项？

3. pH 电极和 DO 电极的校正原理是什么?

任务三：芽孢杆菌产淀粉酶的发酵控制

【实训目的】

1. 掌握发酵过程中的参数测定和在线控制，包括 pH、DO、温度、搅拌速度、生物量、残糖含量、产物生成量、消泡、CO_2。

2. 运用所学发酵工程基本理论分析发酵过程中的实验数据，讨论某一特定菌株的发酵规律。

【实训原理】

发酵罐比拟放大是把小型设备中进行科学实验所获得的成果在大生产设备中予以再现的手段，它不是等比例放大，而是以相似论的方法进行放大。首先必须找出表征此系统的各种参数，将它们组成几个具有一定物理含义的无因次数，并建立它们间的函数式，然后用实验的方法在实验设备中求得此函数式中所包含的常数和指数，则此关系式在一定条件下便可用作为比拟放大的依据。比拟放大是化工过程研究和生产中常用的基本方法之一。发酵过程是一个复杂的生物化学过程，影响这个过程的参数有物理、化学、生物等因素。现在只研究了少数参数与此过程的关系，并假定其他参数是不变的。因此发酵生产过程设备比拟放大理论与技术的完善有赖于对发酵过程本质的深入了解。

发酵过程检测和控制的目的就是利用尽量少的原料而获得最大的所需产物。在发酵过程中过程状态经历着不断的变化，尤其是批发酵这种状态的变化更快。底物和营养物由于生物活性而变化，生物量增加和生物量组成也在变化（包括物理、生化和形态学上的变化），而各种具有生物活性的产物被积累。

发酵过程监控的主要指标包括：①物理检测指标，温度、压力、搅拌转速、功耗、泡沫、气体流速、黏度等；②化学检测指标，pH、氧化还原电位、溶解氧、气体 CO_2 和 O_2、糖含量、化合物含量等；③生物检测指标，菌体浊度、ATP、各种酶活力、中间代谢产物。

【实验材料与器材】

pH 4.00 和 pH 6.86 的标准缓冲液，亚硫酸钠，消泡剂，500 mL 锥形瓶两个。

20 L 全自动发酵罐，pH 电极，溶氧电极等。

【实训操作】

1. 操作条件的设定　在无菌条件下连接好酸、碱消泡剂等流入管线，设定好通风量（一般为 0.5 ~ 2 L/min）、温度和 pH。

2. 种子培养　将灭菌后的种子培养基、吸头、移液器、玻璃棒、无菌水、酒精棉球、酒精灯放入无菌操作台，紫外照射 20 min 后可将斜面培养的枯草芽孢杆菌接种到新配制的锥形瓶培养基中，贴好标签，放到 30℃恒温摇床中培养 2 d，备用。

3. 接种　将浸有酒精的脱脂棉围绕在接种口周围，点火后打开接种口，加入无菌水，调节好罐内培养液量，进而将种子培养液注入。接种量一般为 1%～10%，盖好接种口后，调节搅拌转数至所需值，培养开始；发酵罐参数设定及控制参见附录 10。

4. 取样　为了解培养过程中的变化，需定时取样进行样品分析。由于罐内为正压，打开取样管时样品自然流出。取样时应将上一次取样时残留在取样管中的培养液去除后再取样。另外，取样后应通入加热蒸汽，以防取样管路污染杂菌。

5. 培养结束　将电极与培养液全部取出，培养液在 121℃下杀菌 15 min 后，排出到指定地点。罐内应冲洗干净。

【实训记录与思考】

1. 发酵罐参数控制主要有哪些？
2. 定期记录发酵罐读取的各项数据，并填入表 2–1 中。

表 2–1　发酵罐记录的数据

日期	记录时间	发酵时间 /h	罐温 /℃	转速 /（r/min）	pH	罐压 /MPa	流量 /（L/m）

任务四：发酵指标测定

【实训目的】

1. 掌握淀粉酶活力测定方法。
2. 学会初步分析残糖、pH、生物量与酶活力的变化规律。

【实训原理】

酶促反应中反应速率达到最大值时的温度和 pH 称为某种酶作用时的最适温度和最适 pH。温度对酶反应的影响是双重的：一方面随着温度的增加，反应速度也增加，直至达到最大反应速度为止；另一方面随着温度的不断升高，酶逐步变性从而使反应速度降低，其变化趋势呈钟形曲线变化。不同菌株产生的酶在耐热性、酶促反应的最适温度、pH、对淀粉的水解程度以及产物的性质等均有差异。α– 淀粉酶属水解酶，作为生物催化剂可随机作用于直链淀粉分子内部的 α–1,4 糖苷键，迅速地将直链淀粉分子切割为短链的糊精或寡糖，使淀粉的黏度迅速下降，淀粉与碘的反应逐渐消失，这种作用称为液化作用，因此生产上又称 α- 淀粉酶为液化淀粉酶。α- 淀粉酶不能水解淀粉支链的 α-1,6 糖苷键，其最终水解产物是麦芽糖、葡萄糖和 α-1,6 键的寡糖。

本实验是以一定量的 α- 淀粉酶液，于 37℃、pH 6.8 的条件下，在一定的初始作用时间内将淀粉转化为还原糖，然后通过与 DNS 试剂作用，比色测定求得还原糖的生成量，从而计算出酶反应的初速度，即酶的活力。一般规定一个淀粉酶活力单位为在 37℃、pH 6.8 的条件下，每分钟水解淀粉生成 1 mg 还原糖所需要的酶量。

1 U=1 mg 还原糖 /min · mL

【实验材料与器材】

无水葡萄糖，NaOH，乙酸钠，淀粉，乙酸，蒸馏水，DNS，pH 标准缓冲液，亚硫酸钠。

10 mL 具塞刻度试管（30 个），100 mL 容量瓶（2 个），200 mL 容量瓶（2 个），100 mL 烧杯，100 mL 试剂瓶（4 个），100 mL 锥形瓶（2 个），玻璃棒，1 000 mL 烧杯，标签纸，电热炉，木夹，试管架，pH 标准试纸，pH 计，吸头，1 000 μL 移液器。

恒温水浴锅，分光光度计，电子天平，烘箱，冰箱，20 L 全自动发酵罐，上海高机 SY-3000 发酵系统。

【实训操作】

1. 残糖含量测定（DNS 法）

（1）取 10 mL 刻度试管 2 支（标记 A、B），分别加入 DNS 试剂 3.0 mL，A 管加入 0.5 mL 待测发酵液，B 管加入 0.5 mL 蒸馏水作为空白对照。

（2）沸水反应 5 min，反应后迅速冷却定容至 10 mL，用分光光度计在 540 nm 处比色，测定 A_{540}。用 B 管作为对照消零。

（3）计算残糖量　根据葡萄糖标准曲线方程，计算并记录残糖量。

2. 生物量的测定（比浊法）

以参比液为空白对照，测定待测液 590 nm 处的吸光度值，以 A_{590} 值表示枯草芽孢杆菌的生物量。

3. 淀粉酶发酵活力的测定

（1）取 10 mL 刻度试管 2 支（标记为 A、B），分别加入 0.5 mL 待测酶液。

（2）在 B 管中加入 0.5 mL 1 mol/L NaOH 灭酶活，A 管中加入 0.5 mL pH 5.6 0.05 mol/L 乙酸 / 乙酸钠缓冲液，然后在两管同时加入 0.5 mL 1% 淀粉溶液作为反应底物。

（3）40℃恒温水浴锅准确反应 5 min。

（4）A 管加入 0.5 mL 1 mol/L NaOH 灭酶活，两管加显色剂 DNS 试剂 2.0 mL，沸水反应 5 min，反应后迅速冷却定容至 10 mL。

（5）用分光光度计在 540 nm 处比色，用 B 管作为对照，测定 A_{540}。

（6）根据葡萄糖标准曲线计算葡萄糖含量和发酵液中酶活力。

4. 葡萄糖标准曲线的制作

（1）浓度为 1 mg/mL 葡萄糖标准溶液的制备　在电子天平上准确称取 100 mg 无水葡

萄糖放入 100 mL 小烧杯中，用少量蒸馏水溶解后，移入 100 mL 容量瓶中用蒸馏水定容至 100 mL，充分混匀，4℃冰箱中保存（可用 12 ~ 15 d）。

（2）取 8 支洗净烘干的 10 mL 具塞刻度试管，编号后按表 2–2 加入标准葡萄糖溶液和蒸馏水，配制成一系列不同浓度的葡萄糖溶液。充分摇匀后，向各试管中加入 2.0 mL DNS 溶液，摇匀后沸水浴 5 min，取出冷却后用蒸馏水定容至 10 mL，充分混匀；在 540 nm 波长下，以 1 号试管溶液作为空白对照，调零点，测定其他各管溶液的吸光度值并记录结果。

表 2–2　葡萄糖标准曲线制作

试剂 / 管号	1	2	3	4	5	6	7	8
标准葡萄糖标液 /mL	0	0.2	0.4	0.6	0.8	1.0	1.2	1.4
蒸馏水 /mL	2.0	1.8	1.6	1.4	1.2	1.0	0.8	0.6
葡萄糖含量 /mg	0	0.2	0.4	0.6	0.8	1.0	1.2	1.4
A_{540}								

（3）以葡萄糖含量（mg）为横坐标，以对应的吸光度值为纵坐标，绘制出葡萄糖标准曲线。

5. 麦芽糖标准曲线的制作

（1）浓度为 1 mg/mL 麦芽糖标准溶液的制备　在电子天平上准确称取 100 mg 无水麦芽糖放入 100 mL 小烧杯中，用少量蒸馏水溶解后，移入 100 mL 容量瓶中用蒸馏水定容至 100 mL，充分混匀，4℃冰箱中保存（可用 12 ~ 15 d）。

（2）取 8 支洗净烘干的 10 mL 具塞刻度试管，编号后按表 2–3 加入标准麦芽糖溶液和蒸馏水，配制成一系列不同浓度的麦芽糖溶液。充分摇匀后，向各试管中加入 2.0 mL DNS 溶液，摇匀后沸水浴 5 min，取出冷却后用蒸馏水定容至 10 mL，充分混匀。在 540 nm 波长下，以 1 号试管溶液作为空白对照，调零点，测定其他各管溶液的吸光度值并记录结果。

（3）以麦芽糖含量（mg）为横坐标，以对应的吸光度值为纵坐标，绘制出麦芽糖标准曲线。

表 2–3　麦芽糖标准曲线制作

试剂 / 管号	1	2	3	4	5	6	7	8
标准麦芽糖标液 /mL	0	0.2	0.4	0.6	0.8	1.0	1.2	1.4
蒸馏水 /mL	2.0	1.8	1.6	1.4	1.2	1.0	0.8	0.6
麦芽糖含量 /mg	0	0.2	0.4	0.6	0.8	1.0	1.2	1.4
A_{540}								

【实训记录与思考】

记录发酵过程的主要参数，绘制发酵过程中生物量、残糖量、pH 及酶活的变化曲线，并分析其变化关系，填入表 2-4 中。

表 2-4　发酵过程的主要参数

取样时间 /h	生物量	残糖量	pH	酶活	麦芽糖
12					
24					
36					
48					
60					

任务五：淀粉酶的初步分离纯化

【实训目的】

1. 掌握盐析法初步分离纯化蛋白质的原理和方法。
2. 掌握透析脱盐浓缩蛋白质的原理和方法。
3. 掌握膜分离的原理和方法。

【实训原理】

α- 淀粉酶是一种胞外酶。胞外酶的初步分离纯化通常是将发酵液经过预处理后采用过滤或离心的方法将酶液与菌体分离，然后在酶液中加入（NH_4）$_2SO_4$ 盐析沉淀获得粗酶。蛋白质是亲水胶体，水化膜和同性电荷（在 pH 7.0 的溶液中一般蛋白质带负电荷）有助于维持胶体的稳定性。由于蛋白质分子内及分子间电荷的极性基团有着静电引力，当向蛋白质溶液中加入少量碱金属或碱土金属的中性盐类［如（NH_4）$_2SO_4$、Na_2SO_4、NaCl 或 $MgSO_4$ 等］时，由于盐类离子与水分子对蛋白质分子上极性基团的影响，使蛋白质在水中溶解度增大，因而蛋白质、酶等在低盐浓度下的溶解度随着盐液浓度升高而增加，此时称为盐溶；当盐浓度不断上升并达到一定浓度时，蛋白质表面的电荷大量被中和，水化膜被破坏，于是蛋白质就相互聚集而沉淀析出，蛋白质和酶的溶解度又以不同程度下降并先后析出，称为盐析。由盐析所得的蛋白质沉淀经过透析或用水稀释以减低或除去盐后，能再溶解并恢复其分子原有结构及生物活性，因此盐析生成的沉淀是可逆性沉淀。盐析法就根据不同蛋白质和酶在一定浓度的盐溶液中溶解度降低程度的不同而达到彼此分离的方法。盐析法对于许多非电解质的分离纯化都是适合的，也是蛋白质和酶提纯工作应用最早、至今仍广泛使用的方法。

蛋白质的分子很大，其颗粒在胶体颗粒范围（直径 1 ~ 100 nm）内，不能透过半透膜。选用孔径合宜的半透膜，使小分子物质能够透过，而蛋白质颗粒不能透过，这样就可使蛋白质和小分子物质分开。把蛋白质溶液装入透析袋中，袋的两端用线扎紧，然后用蒸馏水或缓冲液进行透析，这时盐离子通过透析袋扩散到水或缓冲液中，蛋白质分子量大、不能透过透析袋而保留在袋内，通过更换蒸馏水或缓冲液，直至袋内盐分透析完毕。这种方法可除去和蛋白质混合的中性盐及其他小分子物质，是常用来纯化蛋白质的方法。透析需要较长时间，常在低温下进行，并加入防腐剂避免蛋白质和酶的变性或微生物的污染。

$$\text{酶的总活力（即酶产量）} = \text{酶液总体积} \times \text{酶的比活力}$$

$$\text{酶的纯化倍数} = \frac{\text{纯化步骤的比活力}}{\text{第一步的比活力}}$$

$$\text{酶活力回收率} = \frac{\text{某纯化步骤的总活力}}{\text{第一步的总活力}} \times 100\%$$

【实验材料与器材】

蛋白胨，牛肉膏，可溶性淀粉，硫酸铵，EDTA，碘，碘化钾，α- 淀粉酶制剂，柠檬酸，盐酸，氯化钙，磷酸氢二钠，乙醇。

微量移液器，移液器吸头，透析袋，量筒，250 mL 烧瓶，分装架，记号笔，纱布，酒精灯，移液管，试管，烧杯，容量瓶，玻璃棒，三角瓶，秒表，标签，培养皿，量筒，漏斗，中速滤纸。

种子培养基（g/L） 牛肉膏 5 g，蛋白胨 10 g，NaCl 5 g，可溶性淀粉 2 g，葡萄糖 1.5 g，pH 7.0。

发酵培养基（g/L） 牛肉膏 5 g，蛋白胨 10 g，NaCl 5 g，可溶性淀粉 2 g，pH 7.0。

酶活测定溶液 0.2 mol/L pH 6.8 磷酸缓冲液，葡萄糖标准溶液 1 mg/mL，DNS 试剂（3,5- 二硝基水杨酸试剂）。

恒温培养箱，摇床，分光光度计，离心机，分析天平，pH 计，灭菌锅，干燥箱，恒温水浴锅，离心机等。

【实训操作】

实训路线

发酵培养→粗酶液制备→硫酸铵盐析→透析脱盐浓缩→浓缩酶液酶活测定。

1. 发酵液的预处理

将培养 2 d 后的发酵液收集起来，过滤除去菌体，收集滤液，测量其体积。取 5 mL 用作淀粉酶的活力测定，剩余发酵液则进行初步纯化。在剩余发酵液中加入氯化钙和磷酸氢二钠各 0.8%～1% 进行絮凝作用，并加热到 55～60℃处理 30 min，以破坏蛋白酶，促使胶体凝聚后再用板框过滤机过滤，收集滤液，测量其体积，并测定酶活力。

2. 硫酸铵盐析沉淀 α- 淀粉酶

查阅附录 11 硫酸铵饱和度表，按硫酸铵的饱和度为 55% 的比例，将硫酸铵缓慢加入到收集的滤液中，一边加硫酸铵，一边轻轻搅拌，尽量避免液面泛起白色泡沫。完全溶解后在 4℃下沉淀过夜，使上清液中的蛋白质沉淀下来。次日取出，将溶液以 4 000 r/min 转速离心 15 min，收集沉淀，然后在烘箱中于 50～60℃干燥（损失率应不高于 30%），即得粗酶制剂。

3. 透析脱盐浓缩

（1）将透析袋剪成合适的长度；在 250 mL 玻璃烧杯中，加入 200 mL 的透析袋处理液，微波炉中预热；将透析袋装入其中，电炉上煮沸 10 min；用蒸馏水彻底洗涤；蒸馏水中煮 10 min；清洗透析袋内外时，操作过程中应使用镊子或戴手套。

（2）冷却后 4℃存放，存放过程中透析袋应完全放入 0.02 mol/L 磷酸缓冲液（pH 7.0）中，用细线扎紧透析袋一端，注入清水检验不漏后加入不超过透析袋体积 1/2 的稀透析溶液。

（3）沉淀用少量 0.2 mol/L pH 6.8 磷酸缓冲液溶解，移入透析袋中，经透析膜袋在 20 倍量 0.02 mol/L 磷酸缓冲液（pH 7.0）中在室温、36 h 透析脱盐（每过 6 h 换一次透析液）；取脱盐沉淀 5 mL，8 000 r/min 离心 20 min，取上清液测酶活。

（4）参照任务四中的淀粉酶活力测定法，测定纯化后的淀粉酶活力。

【实训记录与思考】

1. 发酵液为什么要进行预处理？
2. 如何进行发酵液预处理?

任务六：离子交换色谱法纯化淀粉酶

【实训目的】

1. 掌握离子交换色谱法分离蛋白质的原理及基本操作技术。
2. 了解如何选择离子交换层析填料。

【实训原理】

离子交换色谱法是利用离子交换剂上的可交换离子与周围介质中被分离的各种离子间的亲和力不同，经过交换平衡达到分离目的的一种纯化方法。离子交换色谱技术是以离子交换剂为固定相，常见的离子交换剂是一类不溶于水的惰性高分子聚合物基质，通过共价键结合某种电荷基团，形成带电基质，带异性电荷的平衡离子能够通过静电力作用结合在电荷基质上，而平衡离子能够与样品流动相中的离子基团发生可逆交换而吸附在交换剂上，不同带电荷蛋白质间结合吸附固定相的能力不同。常见的离子交换剂有离子交换纤维素、离子交换琼脂糖和离子交换葡聚糖。根据与高分子聚合物基质共价结合的电荷基团的性质不同，可以将离子交换剂分为阳离子交换剂和阴离子交换剂。在阳离子交换剂中，带正电荷的平衡离子能够和流动相中带正电荷的离子基团进行交换。根据与高分子聚合物基质共价结合电荷基团的解离度不同，又可以分为强酸型、中等酸型、弱酸型三类阳离子交换剂。强酸型离子交换剂在较大的 pH 范围内电荷基团完全解离，而弱酸型只能在较小的 pH 范围内完全解离，如结合羧甲基的离子交换剂在 pH 小于 6 时就失去了交换能力。强酸型阳离子交换剂一般结合的基团有磺酸甲基、磺酸乙基；中等酸型阳离子交换剂结合的基团有磷酸基团和亚磷酸基团；弱酸型离子交换剂结合的基团有酚羟基和羧基类。在阴离子交换剂中，带负电荷的平衡离子能与流动相中带负电的离子基团进行交换，例如阴离子交换剂 CM 纤维素，当纤维素交换剂分子上结合羧甲基（CM）时，形成带有负电荷的阴离子（纤维素—O—CH_2—COO—），可与带正电荷蛋白质结合，交换阳离子。根据与高分子聚合物基质共价结合的电荷基团的解离度不同，还可分为强碱型、中等碱型、弱碱型阴离子交换剂。一般结合季胺基团基质的交换剂为强碱型离子交换剂，结合叔胺、仲胺、伯胺等为中等或者弱碱型离子交换剂。

蛋白质是两性电解质，当溶液的 pH 与蛋白质等电点相同时，蛋白质的静电荷为 0；当溶液 pH 大于蛋白质等电点时，羧基电离，蛋白质带负电荷，蛋白质能够被阴离子交换剂所吸附；相反，当溶液的 pH 小于蛋白质等电点时，则氨基电离，蛋白质带正电荷，被阳离子交换剂所吸附，溶液的 pH 距蛋白质等电点越远，蛋白质带电荷越多，与交换剂的结合程度也越强，反之则越弱。当溶液的 pH 发生改变时，蛋白质与交换剂的吸附作用也发生变化，因此可以通过改变洗脱液的 pH 来改变蛋白质对交换剂的吸附能力，从而把不同的蛋白质逐个分离。当 pH 增高时，抑制蛋白质阳离子化，随之对阳离子交换剂的吸附力减弱；当 pH 降低时，抑制蛋白质阴离子化，随之降低蛋白质对阴离子交换剂的吸附。另外，无机盐离子（如 NaCl）对交换剂也具有交换吸附的能力，当洗脱液中的离子强度增加时，无机盐离子和蛋白质竞争吸附交换剂。当 Cl^- 的浓度大时，蛋白质不容易被吸附，吸附后也易于被洗脱；当 Cl^- 浓度小时，蛋白质易被吸附，吸附后也不容易被洗脱。因此，洗脱阴离子交换剂结合的蛋白质时，则降低 pH，增加盐离子浓度；洗脱阳离子交换剂结合的蛋白质时，则升高溶液 pH，增加盐离子浓度，能够洗脱交换剂上的结合蛋白质。

离子交换色谱法分离的基本步骤为平衡、吸附、洗脱、再生，如图 2-3 所示。

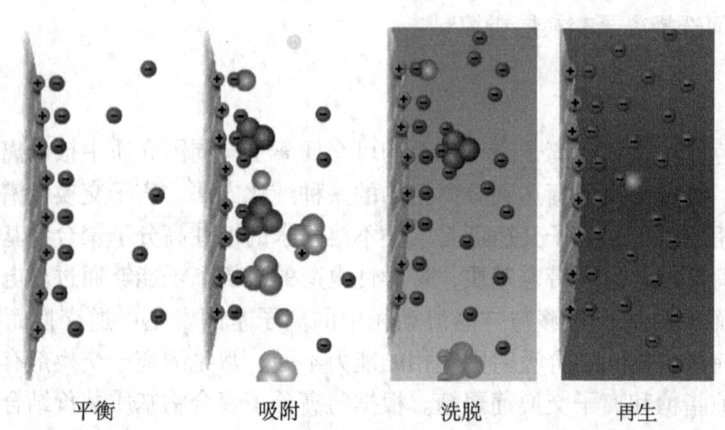

图 2-3　离子交换色谱法原理

●：骨架，接有功能基团，本身是惰性；⊕，功能基团，连接在骨架上，可与相反离子结合；⊖，活性离子，与功能基团所带电荷相反的可移动离子；●●，待交换分子，在吸附阶段可与活性离子交换，与骨架上的功能基团结合

【实验材料与器材】

淀粉酶溶液，弱碱阴离子交换树脂 DEAE-Sepharose FF，平衡缓冲液，洗脱缓冲液Ⅰ（含 0.3 mol/L 氯化钠的平衡缓冲液），洗脱缓冲液Ⅱ（含 0.5 mol/L 氯化钠的平衡缓冲液），

蒸馏水，层析柱，试管架，烧杯 2 个，量筒，胶头滴管，移液器，玻璃棒等。

蠕动泵，自动部分收集器，紫外分光光度计。

【实训操作】

1. 装柱　取直径 1 cm、长度 20 cm 的层析柱（可根据需要选择大小），将柱垂直安装于铁架上。自顶部注入处理好的树脂悬浮液，树脂沉降时，多余的液体从出口流出，不断缓慢添树脂悬浮液，至树脂沉降至 15 cm 左右的高度即可。

2. 平衡　在层析柱中充满平衡缓冲液，将上端柱头旋紧，用大约 20 mL 平衡缓冲液平衡树脂，同时将流速调整为 2.0 mL/min。

3. 上样　打开柱上端柱头，使柱内缓冲液流出，液面与树脂面相切，关闭出口；由柱上端仔细加入蛋白质样品 0.5 mL，打开出口，使样品进入树脂，同时开始收集流出液；当柱内液面与树脂面相切时关闭出口；加入 0.5 mL 平衡缓冲液，打开出口，待缓冲液面与树脂面相切时关闭出口，再加入 0.5 mL 缓冲液，重复此步骤。缓慢添加平衡缓冲液直至顶端，旋好柱头。

4. 洗脱　采用不断提高离子浓度的方法阶段洗脱蛋白质。以 2.0 mL/min 流速，用体积为 50 mL 平衡缓冲液、50 mL 洗脱缓冲液Ⅰ、50 mL 洗脱缓冲液Ⅱ分三段洗脱；3 min 收集一管，体积大约为 6 mL，测定各管 A_{280}。

【实训记录与思考】

1. 按顺序收集有吸收峰的试管，绘制洗脱曲线。
2. 离子交换法纯化淀粉酶的原理是什么？
3. 由洗脱曲线可得到几个吸收峰？如何确定是淀粉酶的吸收峰？

【参考文献】

1. 孙俊良 . 淀粉糊精制备及淀粉酶生产 . 北京：科学出版社，2016
2. 李珊珊 . 发酵与酶工程 . 北京：化学工业出版社，2020
3. 何伟，徐旭士 . 微生物学模块化实验教程 . 北京：高等教育出版社，2014
4. 陶兴无 . 生物工程设备 . 北京：化学工业出版社，2017

第三章

谷氨酸棒杆菌发酵生产谷氨酸

谷氨酸为无色晶体，有鲜味，微溶于水，等电点为 3.22，分子内含两个羧基，化学名称为 α- 氨基戊二酸，是一种酸性氨基酸。谷氨酸钠俗称味精，是谷氨酸形成的钠盐，具有强烈的肉类鲜味，将其添加在食品中可使食品风味增强，鲜味增加，故被广泛使用。味精在胃酸作用下生成的谷氨酸被人体吸收后参与人体内许多代谢反应，并与其他氨基酸一起共同构成人体的组织蛋白。我国的味精生产始于 1923 年，最早用水解法生产味精；1932 年开始用脱脂豆粉水解生产味精；从 1958 年我国开始谷氨酸生产筛选及其发酵机理的基础性研究，1964 年在上海进行工业化试生产。

谷氨酸是最先成功利用发酵法进行生产的氨基酸，谷氨酸的生物合成主要包括糖酵解途径（EMP）、磷酸戊糖途径（PPP）、柠檬酸循环（TCA）、乙醛酸循环等。在谷氨酸发酵过程中葡萄糖由糖酵解途径（EMP）和磷酸戊糖途径（PPP）生成丙酮酸。生成丙酮酸后，一部分氧化脱羧生成乙酰 CoA，一部分固定 CO_2 生成草酰乙酸或苹果酸，草酰乙酸与乙酰 CoA 在柠檬酸合成酶催化作用下缩合成柠檬酸，再经氧化还原共轭的氨基化反应生成谷氨酸，菌体内合成的谷氨酸透过细胞膜，便能在发酵液中积累大量的谷氨酸。葡萄糖发酵生产谷氨酸的途径如图 3-1 所示。

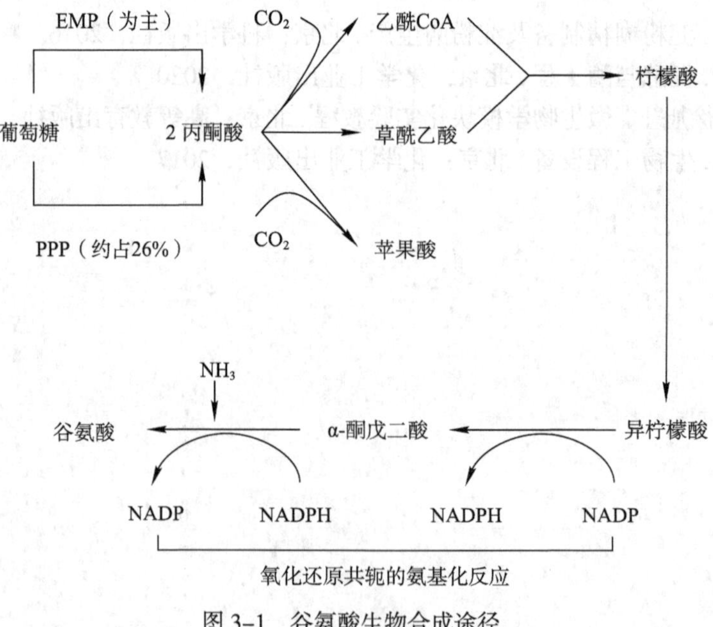

图 3-1　谷氨酸生物合成途径

谷氨酸或味精是利用微生物发酵生产的一个具有代表性的产品，其生产一般分为制糖、谷氨酸发酵、中和提取及精制等4个主要工序，如图3–2所示。生产工艺涉及种子培养、发酵、提取、脱色、结晶、干燥等单元操作。目前谷氨酸生产厂家多采用等电离交工艺等方法从发酵液中提取谷氨酸，即将谷氨酸发酵液降温并用硫酸调pH（pH 3.0 ~ 3.2）至谷氨酸等电点，温度降到10℃以下沉淀，离心分离谷氨酸，再将上清液用硫酸或盐酸调pH至1.5，上732#强酸性阳离子交换树脂，用氨水调上清液pH 10进行洗脱，洗脱下来的高流分再用硫酸调pH 1.0返回等电点进行等电提取，再经离子交换上柱后中和结晶得到味精。

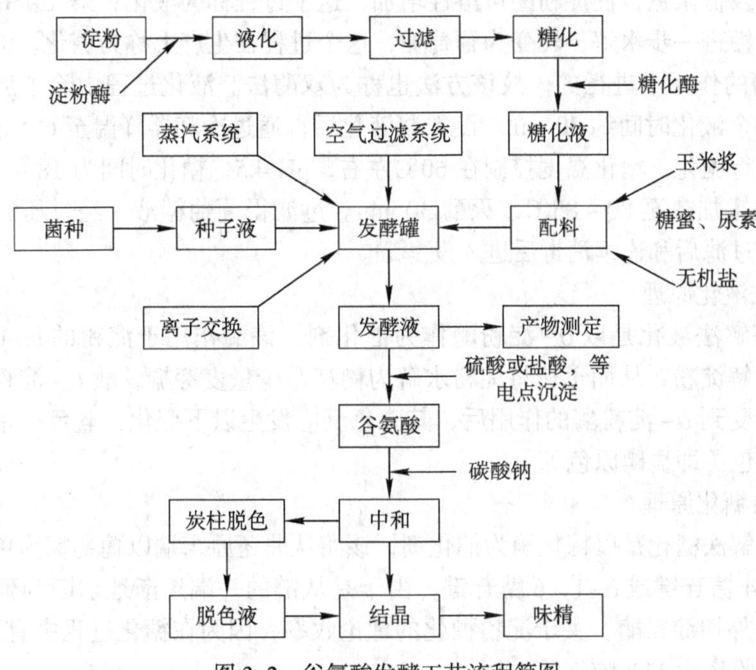

图3–2　谷氨酸发酵工艺流程简图

谷氨酸发酵是典型的代谢调控发酵，其代谢途径及分离提取研究相对比较清楚。本实训目的旨在通过对谷氨酸发酵机制及其发酵工艺过程的控制及实践，有助于加深对类似产品如氨基酸、有机酸、抗生素等生物制品制备的理解，融会贯通生物化学、微生物学、生物工程下游技术、生物工程设备等相关学科知识。其主要内容包括谷氨酸发酵工艺及过程控制原理，原料的制备、发酵设备的认知及理解、发酵过程控制、沉淀、脱色、结晶技术、色谱分离技术等。学生应掌握在生产实践过程控制、科学研究、分离纯化、分析检测中选择合适的方法，并具备在其他产品中能够拓展应用的能力。

任务一：淀粉的液化和糖化

【实训目的】

1. 掌握用酶解法从淀粉原料到水解糖的制备原理及方法。

2. 掌握还原糖的测定方法。

【实训原理】

目前大多数味精厂都使用淀粉作为原材料。在发酵过程中有些微生物不能直接利用淀粉，当以淀粉为原料时必须先将淀粉水解成葡萄糖，才能供发酵使用。一般将淀粉水解为葡萄糖的过程称为淀粉的糖化，所制得的糖液称为淀粉水解糖。水解淀粉为葡萄糖的方法包括酸解法、酸酶结合法和酶解法。实验室常采用酶解法制备淀粉水解糖，酶解法是指利用淀粉酶将淀粉水解为葡萄糖的过程。酶解法可分为两步：第一步是利用 α- 淀粉酶将淀粉转化为糊精及低聚糖，使淀粉的可溶性增加，这个过程称为液化；第二步是利用糖化酶将糊精或低聚糖进一步水解，转变为葡萄糖，这个过程在生产上称为糖化。淀粉的液化和糖化都是在酶的作用下进行的，故该方法也称为双酶法。液化过程中除了加淀粉酶还要加氯化钙，整个液化时间约 30 min。淀粉浆液化后，通过冷却器降温至 60℃进入糖化罐，加入糖化酶进行糖化。糖化温度控制在 60℃左右，pH 4.5，糖化时间为 18 ~ 32 h。糖化结束后，将糖化罐加热至 80 ~ 85℃，灭酶 30 min。过滤得葡萄糖液，经过压滤机后进行油水分离，再经过滤后和连续消毒后进入发酵罐。

1. 酶解法液化原理

淀粉的酶解法液化是以 α- 淀粉酶作为催化剂，该酶作用于淀粉的 α-1，4 糖苷键，从内部随机水解淀粉，从而迅速将淀粉水解为糊精及少量麦芽糖，故 α- 淀粉酶也称内切淀粉酶。淀粉受到 α- 淀粉酶的作用后，其碘色反应发生以下变化：蓝色→紫色→红色→浅红色→不显色（即显碘原色）。

2. 酶解法糖化原理

淀粉的酶解法糖化是以糖化酶为催化剂，该酶从非还原末端以葡萄糖为单位依次分解淀粉的 α-1，4 糖苷键或 α-1，6 糖苷键，由于是从链的一端逐渐地切断为葡萄糖，所以糖化酶也称为外切淀粉酶。关于淀粉糖化的理论收率，因为在糖化过程中有水参与反应，故糖化的理论收率为 111.1%。

$$\underset{162}{(C_6H_{10}O_5)_n}+\underset{18}{H_2O} \longrightarrow \underset{180}{n\,C_6H_{12}O_6}$$

淀粉糖化实际收率的计算公式：

$$\text{淀粉糖化实际收率}=\frac{\text{糖液量（L）}\times\text{糖液葡萄糖含量（g/L）}}{\text{投入淀粉量（g）}\times\text{原料中纯淀粉含量}(\%)}\times 100\%$$

淀粉转化率是指 100 份淀粉中有多少份淀粉被转化为葡萄糖。

淀粉转化率的计算公式：

$$\text{淀粉转化率}=\frac{\text{糖液量（L）}\times\text{糖液葡萄糖含量（g/L）}}{\text{投入淀粉量（g）}\times\text{原料中纯淀粉含量}(\%)\times 1.11}\times 100\%$$

糖化液中还原糖（以葡萄糖计）占干物质的百分比称为 DE 值。用 DE 值表示淀粉水解的程度或糖化程度。

DE 值的计算公式：

$$\text{DE 值}=\frac{\text{还原糖含量}}{\text{干物质含量}}\times 100\%$$

还原糖含量用3,5-二硝基水杨酸（DNS）比色法测定，表示方法为g葡萄糖/100 mL糖液。

干物质含量可用阿贝折光仪测定，表示方法为g干物质/100 mL糖液。本实验采用淀粉干重替代（即原料中纯淀粉含量为100%）。

糖化时间与糖化酶用量的关系见表3–1。

表3–1　糖化时间与糖化酶用量关系表

糖化时间/h	6	8	10	16	24	32	48	72
糖化酶用量/（U/g淀粉）	480	400	320	240	180	150	120	100

【实训材料与器材】

玉米淀粉，α-淀粉酶，糖化酶，pH试纸，盐酸，葡萄糖溶液，DNS试剂，无水酒精，氯化钙等。

磷酸-柠檬酸缓冲液（pH 6.0）　称取磷酸氢二钠（$Na_2HPO_4 \cdot 12H_2O$）45.23 g，柠檬酸（$C_6H_8O_7 \cdot H_2O$）8.07 g，用蒸馏水溶解定容至1 000 mL，配好后以酸度计调整pH为6.0。

原碘液（存储液）　称取0.5 g碘和5.0 g碘化钾，研磨，溶于少量蒸馏水中，然后定容至100 mL，储存于棕色瓶中备用。

稀碘液（工作液）　取1 mL原碘液用蒸馏水稀释100倍（当天制备）。

反应终止液　0.1 mol/L硫酸。

分光光度计，恒温水浴锅，烘箱，滴定管，酸度计，电炉，离心机，白瓷板，烧杯，试管等。

【实训操作】

1. 淀粉的液化

配制两份30%的淀粉乳，调节pH至6.5，加入氯化钙（固形物0.2%，钙离子的存在可以使α-淀粉酶在水解过程中保持活力和稳定性），加入α-淀粉酶（12~20 U/g淀粉）；在剧烈搅拌下，先加热至72℃，保温15 min；再加热至90℃，并维持30 min，中间不停止搅拌，以达到所需的液化程度（DE值为15%~18%）；取小样检测碘反应呈棕红色；液化反应后，再升温至100~120℃，保持5~8 min，以凝聚蛋白质；以6 000 r/min离心5 min得到上清液。

2. 淀粉的糖化

迅速将上述上清液用盐酸将pH调至4.2~4.5，同时迅速降温至60℃；然后加入糖化酶（酶活力为10 000 U的酶液0.5 mL），于60℃保温1~2 h；当用无水酒精检验有无糊精存在时，将溶液pH调至4.8~5.0，同时将溶液加热至80℃，保温20 min；然后将溶液温度降至60~70℃，以6 000 r/min离心5 min即得到糖上清液；量取该糖液体积，取样分析还原糖含量。

3. 制作葡萄糖标准曲线（表3–2），测定淀粉糖化后的含糖量。

表 3–2　葡萄糖标准曲线制作

试剂	试管编号					
	0	1	2	3	4	5
1 mg/mL 葡萄糖溶液 /mL	0	0.2	0.4	0.6	0.8	1.0
蒸馏水 /mL	1.0	0.8	0.6	0.4	0.2	0
DNS 试剂 /mL	3	3	3	3	3	3
吸光度						

4. 测定淀粉转化率。

【实训记录与思考】

1. 记录实验数据完成表 3–3，计算淀粉转化率，分析糖化酶用量对糖化效果的影响。

表 3–3　淀粉糖化指标测定

名称	淀粉量 /g	纯淀粉含量 /%	糖液量 /L	糖液葡萄糖含量 /（g/L）	淀粉糖化实际收率 /%	淀粉转化率 /%

2. 淀粉液化过程中几个保温过程有何作用?

任务二：认识气升式发酵罐

【实训目的】

1. 掌握气升式发酵罐的几大系统组成，即空气系统、蒸汽系统、补料系统、进出料系统、温度系统、在线控制系统。

2. 了解气升式发酵罐各系统的控制操作方法。

【实训原理】

气升式反应器有多种类型，生物产业已经大量应用的气升式发酵罐有气升内环流发酵罐、气液双喷射气升环流发酵罐、设有多层分布板的塔式气升发酵罐。由于气升环流反应器内没有搅拌器，并且有定向循环流动，因此它主要有以下特点：①反应溶液分布均匀。气液固三相的均匀混合与溶液成分的分散良好是生物反应器的普遍要求，对许多间歇或连续加料的通气发酵，基质和溶氧尽可能均匀分散，以保证其基质在发酵罐内各处的浓度都落在 0.1% ~ 1% 范围内，溶解氧为 10% ~ 30%，这对需氧生物细胞的生长和产物生成有利，气升环流反应器能很好地满足这些要求。②较高的溶氧速率和溶氧效率。气升式反应器有较高的气含率和气液接触界面，因而有高传质速率和溶氧效率，体积溶氧效率通常比机械搅拌罐高。③剪切力小，对生物细胞损伤小。由于气升式反应器没有机械搅拌叶轮，故对细胞的剪切损伤可减至最低。④传热良好。好氧发酵均产生大量的发酵热，气升式反应器因液体综合循环速率高，同时便于在外循环管路上加装换热器，以保证除去发酵热以控制适宜的发酵温度。⑤结构简单，易于加工制造。气升式反应器罐内无机械搅拌器，故不需安装结构复杂的搅拌器。⑥操作和维修方便。因气升式发酵罐无机械搅拌系统，所以结构较简单，能耗低，操作方便，特别是不易发生机械搅拌轴封容易出现的渗漏染菌问题。

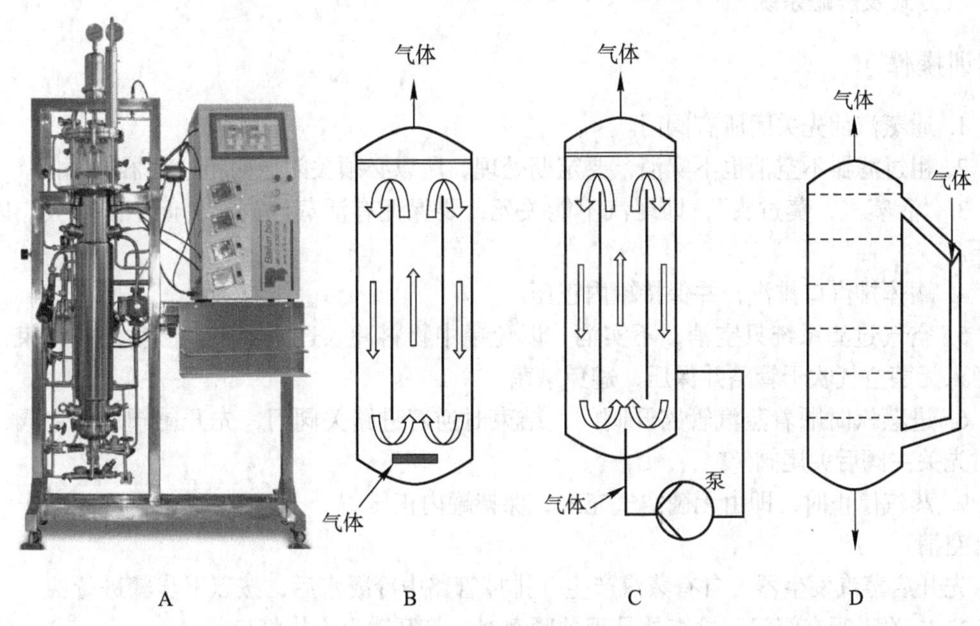

图 3–3　气升式发酵罐类型

A. 常见的气升环流式发酵罐；B. 气升环流式发酵罐示意图；
C. 气液双喷射气升式发酵罐示意图；D. 多层空气分布板的气升发酵罐示意图

气升式发酵罐系统与机械搅拌式发酵罐系统类似，主要包括蒸汽系统、温度控制系统、空气系统、补料系统、在线控制系统、进出料系统、蒸汽过滤器系统。蒸汽系统包含三路进汽：空气管路、补料管路、罐体。温度控制系统包含夹套升温和降温。夹套升温指蒸汽通入夹套；夹套降温指冷水通入夹套，下进水，上出水。发酵过程自动控温系统由热电偶控温，发酵设定温度低于室温时，由夹套进冷水降温。空气系统通常包含以下组成：空压机，往复式油泵获得高脉冲的压缩空气；粗过滤器，由纱布包裹棉花压实成块状叠加制得，作用是去除部分细菌及大部分灰尘；贮气罐，空压机压缩使气体温度升高，经贮气使气体保温杀菌；压缩空气中有油污、水滴，且压力不稳，有一定的脉冲作用，会冲翻后面的过滤介质，贮气后可使油滴重力沉降，减小脉冲；冷却塔，有降温并稳定作用，同时经旋风分离器进行气液分离。丝网分离器，通过附着作用，逐步累积沉降而分离 5 μm 以上的微粒，其作用介质为铜丝网；加温器，对压缩空气升温，除湿，使湿度达 50%～60%；总过滤器：纱布包裹棉花加活性炭颗粒，逐层压紧而成；分过滤器：平板式纤维，中间为玻璃纤维或丝棉，下面放水阀应适时打开放出油、水，再用压缩空气控干。补料系统包括补培养基、消泡剂、酸碱等。在线控制系统包括热电偶（温度探关）、溶氧探头、pH 探头（后二者实消时才安装，为不可再生探头，有限定使用次数，pH 探头使用前要先校准）、控制柜、数据采集系统。进出料系统包括进料口（接种口）、出料口（取样口）。蒸汽过滤器在蒸汽进入空气系统时应用，以免蒸汽中携带的杂质颗粒堵塞分过滤器微孔。

【实训材料与器材】

气升式发酵罐系统。

【实训操作】

1. 通蒸汽前先关闭所有阀门。

2. 粗过滤器不空消也不实消，要定期处理，所以必须关闭通向粗过滤器的阀门。

3. “活蒸汽，莫过头”，即尾汽不能关死，要保证有活蒸汽放出，但不能太大，以免分压。

4. 罐体排汽口排汽，并保持罐内正压。

5. 空气过滤系统只空消，不实消，以免罐中物料冲入过滤器内。但空消一结束，即要通入无菌空气吹干管路并保压，避免染菌。

6. 进蒸汽时顺着蒸汽管路开阀门，结束时逆着进路关阀门，先开尾阀后开主阀，结束时先关主阀后关尾阀。

7. 蒸汽停止时，即由无菌空气充入，保持罐内正压。

空消

先开启蒸汽发生器，自有蒸汽产生并排掉管路中冷凝水后，按以下步骤进行：

1. 先关闭所有阀门，检查处是否关紧密封，打开罐上方排气口。

2. 蒸汽先进空气系统，路线为：蒸汽→蒸汽过滤器→分过滤器，无论蒸汽走到哪一路得先放尾阀，放出冷凝水，排掉冷空气，待有蒸汽冲出后调小，打开主阀。

3. 再进罐体　由主路进罐，然后通入取料管路，再入补料系统（两边）。

4. 控制系统中温度读数约为 120℃左右，开始计时，保温保压，30 min。

保压

1. 调节主汽路进汽阀门控制进汽量。

2. 调节排气口排气量大小或尾阀放汽量。

结束空消

1. 逆着蒸汽进路关，先关近罐阀。

2. 同时准备好压缩空气确保蒸汽一停即充入无菌压缩空气以维持空气系统及罐内的正压。近罐空气阀的尾阀要一直微开启。

注意：空消前应检查夹套中是否残留了冷水，若有，影响罐体升温，须自夹套出水口将水放出。

【实训记录与思考】

1. 气升环流式发酵罐有哪些特点?
2. 绘制发酵过程控制原理图。
3. 记录发酵过程实验数据。

任务三：培养基的配制及发酵罐的实消

【实训目的】

1. 掌握对发酵罐及其管道系统的灭菌方法，可以独立完成实消操作。
2. 了解发酵工业菌种制备工艺和质量控制，为发酵实验准备菌种。

【实训原理】

谷氨酸发酵培养基主要成分有碳源、氮源、无机盐和生长因子等。

（1）碳源　大多数谷氨酸生产菌可以利用葡萄糖、蔗糖、果糖等，极少数可以直接利用淀粉。除这些糖质原料外还可以利用醋酸、酒精、石蜡油等为碳源生产谷氨酸由葡萄糖生成谷氨酸的总反应式如下：

$$C_2H_{12}O_6 + NH_3 + 1/2O_2 \longrightarrow C_5H_9NO_4 + CO_2 + 3H_2O$$

上式表示，1 分子葡萄糖产生 1 分子谷氨酸，两者之间存在着定量关系。其原理转化率为 89.7%，从理论上讲，糖浓度越大，谷氨酸产量越高。实际上糖的浓度越过一定限度时，反而不利于细菌细胞的增殖和谷氨酸的合成。反之，培养基中葡萄糖浓度过低，虽能提高糖酸转化率，但谷氨酸总量并未提高。所以在配制培养基时应综合考虑以上问题，选择适当的糖浓度。为降低成本，生产上通常采用玉米淀粉糖化液作为碳源。

（2）氮源　谷氨酸产生菌细胞中的蛋白质、核酸、磷脂、某些辅酶及其他主要产物（谷氨酸）等均为含氮化合物，为了合成这些化合物，在培养基中必须添加氮源物质。谷氨酸发酵所采用的氮源数量要比一般发酵大很多，通常工业发酵所用培养基碳和氮的比值（C/N）为 100/（0.5 ~ 2），而谷氨酸发酵所要求的 C/N 为 100/（20 ~ 30）。

（3）无机盐　它们是构成细胞和调节菌体生命活动的营养物质。如镁、磷、钾、锰、铁等，是代谢中辅酶或辅基的组分，也是培养基不可缺少的。在谷氨酸发酵中常应用 K^+、Mg^{2+}、Fe^{3+}、Mn^{2+} 等阳离子和 PO_4^{3-}、SO_4^{2-}、Cl^- 等阴离子作为无机盐。磷酸氢二钾含量通常为 0.05% ~ 0.2%，硫酸镁占 0.005% ~ 0.1%，硫酸亚铁占 0.000 5% ~ 0.01%，硫酸锰占 0.000 5% ~ 0.005%。

（4）生长因子　凡是微生物生长不可缺少，而其自身又不能合成的微量有机物质都称为生长因子。生物素是当前谷氨酸产生菌的重要生长因子，其含量多少与促进谷氨酸菌的生长、繁殖和积累谷氨酸有着密切的关系。除生物素外，谷氨酸产生菌还需要维生素 B_1（硫胺素）等。一般生产原料中（如玉米浆、麸皮水解液）都含 B 族维生素，因此谷氨酸发酵常以这些物质提供生长因子。

（5）发酵培养基营养成分的配比　常因菌种、设备和工艺不同而异，此外与原料来源和质量不同有关。

【实训材料与器材】

淀粉水解糖，玉米浆，葡萄糖，糖蜜，尿素，硫酸镁，磷酸氢二钾，硫酸亚铁，硫酸锰，消泡剂，氢氧化钠。

种子培养基（g/L） 葡萄糖 25 g，尿素 5 g，硫酸镁 0.4 g，磷酸氢二钾 1 g，玉米浆 30 g，硫酸亚铁 20 mg/L，硫酸锰 20 mg/L，pH 7.0。

发酵培养基（g/L） 淀粉水解糖 100 mL，糖蜜 2 g，尿素 5 g，玉米浆 1 mL，硫酸镁 0.6 g，磷酸氢二钾 1 g，硫酸亚铁 20 mg/L，硫酸锰 20 mg/L，消泡剂 5 mL，pH 7.0。

气升式发酵罐系统。

【实训操作】

1. 进料及升温

在前述设备完成空消之后，调节排气口排气量，至罐压为零，开启进料口，加料，安装装上溶氧探头及 pH 探头。

2. 夹套升温

蒸汽由夹套蒸汽管路进入夹套进行升温（有表压可读出进入夹套的气压），温度可由控制面板上读出，升至 90℃，关闭夹套蒸汽。

升温目的 冷的物料和罐体中直接冲入蒸汽，极易产生大量冷凝水而使培养基中水分过大；另外，对淀粉质的物料，则直接通入蒸汽很容易使物料结球不溶，表面糊化结团，影响灭菌效果；升温还可以利于淀粉质原料液化。

注意：

培养基配制时，考虑实消时会产生水分，因此，若考虑用 7 L 的装液量（10 L 罐），则加液量应为 6 L 左右，其余物料按 7 L 需量称量。装料系数一般为 70%。

通蒸汽对夹套升温时，必须排空夹套内水（可用蒸汽冲出），但可微开启出水口阀门适当减压，避免夹套内压力过大。

3. 实消

关闭汽路入罐阀，主汽路进汽→补料口进汽（方法同空消）→罐压升至（121℃），保压、保温 30 min→实消结束，发酵罐操作说明参见附录 10。

4. 种子的制备

将斜面菌种接种至已灭菌的 300 mL 种子培养基中（三角瓶规格为 1 000 mL），目的在于制备大量高活性的菌体，30～32℃摇床培养 12 h，转速为 170～190 r/min。

【实训记录与思考】

1. 简述实消的目的及原理。
2. 制备种子液的目的是什么？

任务四：谷氨酸主发酵

【实训目的】

1. 了解发酵工业菌种制备工艺和质量控制，为发酵实验准备菌种。
2. 了解发酵罐参数控制方法及原理。
3. 完成谷氨酸发酵的全过程。

【实训原理】

影响谷氨酸发酵的主要因素有生物素、供氧浓度、铵根离子浓度、碳源、碳氮比、发酵温度、pH、泡沫、发酵时间。谷氨酸发酵经过罐内冷却蛇管将培养基温度冷却至32℃时，接入菌种、氯化钾、硫酸锰、消泡剂及维生素等，通入消毒空气，经一段时间适应后发酵过程即开始缓慢进行。谷氨酸发酵是一个复杂的微生物生长过程，谷氨酸产生菌摄取原料的营养，并通过体内特定的酶进行复杂的生化反应。培养液中的反应物透过细胞壁和细胞膜进入细胞体内，将反应物转化为谷氨酸产物。整个发酵过程一般要经历3个时期，即适应期、对数增长期和衰亡期。每个时期对培养液浓度、温度、pH及通风量都有不同的要求。因此，在发酵过程中必须为菌体的生长代谢提供适宜的生长环境。经过大约34 h的培养，当产酸、残糖、光密度等指标均达到一定要求时即可放罐。谷氨酸棒杆菌是常用的菌种生长速度较快，接种量一般在1%～2%。

谷氨酸发酵是有氧发酵，发酵罐由蒸汽管道、空气管道、加料出料管道等组成，在发酵之前必须先对发酵罐进行空消。谷氨酸产生菌是代谢异常化的菌种，对环境因素的变化很敏感，在适宜的培养条件下谷氨酸产生菌能够将50%以上的糖转化成谷氨酸，而只有极少量的副产物。如果培养条件不适宜，则几乎不产生谷氨酸，仅得到大量的菌体或者由发酵产生的乳酸、琥珀酸、α-酮戊二酸、丙氨酸、谷氨酰胺、乙酰谷氨酰胺等产物。

发酵条件包括温度、通气、pH与泡沫的等控制。

要获得谷氨酸发酵的产品收率，除了选用优良菌种外，发酵条件控制和严格无菌操作是很重要的。

（1）温度对发酵的影响　在发酵中谷氨酸产生菌的生长繁殖与谷氨酸合成都是在酶的催化下进行的。谷氨酸发酵分前期和后期两个阶段。前期（0～12 h）主要是合成细胞物质，菌体大量增殖阶段，而控制这些合成反应的最适温度为30～32℃；发酵中后期是谷氨酸大量积累阶段，而催化谷氨酸合成的谷氨酸脱氢酶的最适温度为32～36℃，故在发酵中后期应适当提高罐温，有利于谷氨酸形成和积累。不同菌种对温度的敏感性也不一样，故应视菌种进行温度控制。

（2）pH对发酵的影响　在发酵中发酵液pH的变化是微生物代谢过程的综合标志，主要是通过培养基配比及发酵条件的控制，使其适宜于产生菌的pH。发酵前期应创造有利于谷氨酸产生菌生长的最适pH（偏碱性），通常控制pH在7.5～8.0。发酵中后期应满足催化谷氨酸合成的酶对pH的要求（中性或弱碱性），故将其发酵pH控制在7.0～7.5。

（3）通风量与搅拌对发酵的影响　谷氨酸产生菌（谷氨酸棒杆菌）属兼性好气菌，在供氧充足与不足的条件下都可生成，但其代谢产物不同。通风量小，供氧不足时，进行不完全氧化，葡萄糖进入菌体后经糖酵解途径产生丙酮酸，丙酮酸则还原成乳酸。如果通气量过大，葡萄糖在菌体内被氧化成丙酮酸，继而进一步氧化成乙酶辅酶 A，进入柠檬酸循环，生成 α- 酮戊二酸，但由于供氢体（NADPH）在氧气充足的条件下经呼吸链被氧化成水，而没有氢的供给，谷氨酸合成受阻，α- 酮戊二酸大量积累；只有在供氧适当时还原性辅酶大部分不经呼吸链被氧化成水，在充足的 NH_4^+ 条件下有利于谷氨酸脱氢酶的催化，还原氨基化反应，大量形成并积累谷氨酸。通风除了供氧外，还可使菌体培养基充分混合代谢产物均匀扩散，以及维持罐内正压的作用。

搅拌可以提高通风效果，增加气液接触面积，提高溶解氧量。因为微生物呼吸时只能利用溶解于培养基中的氧气，而空气进入发酵罐后，其氧分子并不是全部被发酵液吸收，所以在讨论通气量时必须考虑氧的溶解系数（以 K_d 表示）。K_d 表示摩尔分子氧 /（毫升 · min · 大气压），在通气搅拌条件相同时，K_d 值大即表示设备通气效果好，反之则差。在谷氨酸发酵过程中，通风量的控制应遵循前期比后期小的原则。一般发酵前期以低通风量为宜，K_d 为（4 ~ 6）$\times 10^{-7}$ mol/（mL · min · 大气压）；中后期以高通风量为宜，K_d 为（1.5 ~ 18）$\times 10^{-6}$ mol/（mL · min · 大气压）。实际生产中用气体转子流量计来检查通气量即每分钟单位体积的通气量表示通气强度。发酵时搅拌速度与通气量常因发酵罐大小不同而异。

【实训材料与器材】

pH 标准缓冲液　pH 4.0，pH 6.86。

气升式发酵罐系统，分光光度计，pH 计。

【实训操作】

1. 发酵过程的温度控制　谷氨酸发酵 0 ~ 12 h 为长菌期，最适温度在 30 ~ 32℃，发酵 12 h 后，进入产酸期，温度控制在 34 ~ 36℃。由于发酵期代谢活跃，发酵罐要注意冷却，防止温度过高引起发酵迟缓。

2. 发酵过程 pH 控制　发酵过程中产物的积累导致 pH 的下降，而氮源的流加（氨水、尿素）导致 pH 的升高，发酵中当 pH 降到 7.0 左右时，应及时流加氮源；长菌期（0 ~ 12 h）控制 pH 在 6.8 ~ 7.0；产酸期（12 h 以后）控制 pH 在 7.2 左右。控制 pH 的手段主要有：①控制风量；②控制流加氮源。

3. DO 电极的校准　在温度、pH、转速均已稳定在发酵所需值时校准 100%，校准方法参见附录 10 溶氧电极的校正。

4. 发酵时间的控制　发酵时间一般控制在 30 ~ 35 h，当产酸、残糖、光密度等达到一定的标准时即可放罐。

5. 放罐　残糖在 1% 以下且糖耗缓慢（<0.15%/h）或残糖 <0.5% 后，及时放罐。

【实训记录与思考】

1. 谷氨酸主发酵有哪些参数控制，控制原理是什么？

2. 谷氨酸主发酵的注意事项有哪些？

任务五：还原糖的测定

【实训目的】

1. 掌握还原糖测定方法。
2. 了解发酵过程中还原糖的变化趋势。

【实训原理】

还原糖的消耗和谷氨酸的生成是衡量谷氨酸发酵是否正常的重要标志。在 NaOH 存在下 3,5- 二硝基水杨酸（DNS）与还原糖共热后被还原生成氨基化合物。在过量的 NaOH 碱性溶液中此化合物呈橘红色，在 540 nm 波长处有最大吸收，在一定的浓度范围内还原糖的量与吸光度值呈线性关系，利用比色法可测定样品中的含糖量。在发酵后期当还原糖降至 1% 以下时，表明谷氨酸发酵已经完成。所以在发酵过程中需定时测定还原糖的含量，要求每 2 h 测定一次，并据此做出发酵的糖耗曲线。掌握还原糖和总糖的测定原理，学习用比色法测定还原糖的方法。

【实训材料与器材】

苯酚，3,5- 二硝基水杨酸，亚硫酸钠，NaOH，酒石酸钾，葡萄糖，18 mm × 180 mm 试管，试管，三角瓶。

3,5- 二硝基水杨酸（DNS）试剂　6.3 g DNS 和 262 mL 2 mol/L NaOH 加到 500 mL 含有 182 g 酒石酸钾的热水溶液中，再加 5 g 苯酚和 5 g 亚硫酸钠，搅拌溶解，冷却后加水定容至 1 000 mL，贮于棕色瓶中。

葡萄糖标准溶液　准确称取干燥恒重的葡萄糖 40 mg，加少量蒸馏水溶解后，以蒸馏水定容至 100 mL，即含葡萄糖为 0.4 mg/mL。

分光光度计，水浴锅，天平。

【实训操作】

1. 葡萄糖标准曲线制作

参考本章任务一方法制作葡萄糖标准曲线。取 18 mm × 180 mm 试管，按表 3–2 加入 0.4 mg/mL 葡萄糖标准溶液和蒸馏水。在上述试管中分别加入 DNS 试剂 2.0 mL，于沸水浴中加热 2 min 进行显色，取出后用冰浴迅速冷却，各加入蒸馏水 9.0 mL，摇匀，在 540 nm 波长处测定吸光度值。以 1.0 mL 蒸馏水代替葡萄糖标准溶液按同样显色操作为空白调零点。以葡萄糖含量（mg）为横坐标，吸光度值为纵坐标，绘制标准曲线。

2. 样品中还原糖的测定

取 18 mm × 180 mm 试管，分别按表 3–2 加入试剂（将葡萄糖溶液更换为样品溶液）。从发酵罐中小心取样，然后 4 000 r/min 离心 5 min 除去菌体细胞，稀释 200 倍，再进行测定。加完试剂后，于沸水浴中加热 2 min 进行显色，取出后用冰浴迅速冷却，各加入蒸馏水 9.0 mL，摇匀，在 540 nm 波长处测定吸光度值。测定后，取样品的吸光度平均值在标准曲线上查出相应的糖量。

【实训记录与思考】

1. 绘制还原糖测定标准曲线。
2. 测定发酵过程中还原糖变化曲线。

任务六：谷氨酸浓度测定

【实训目的】

1. 掌握谷氨酸浓度测定方法。
2. 了解发酵过程中谷氨酸生成情况及变化。

【实训原理】

α- 氨基酸与水合茚三酮在水溶液中加热，可发生反应生成蓝紫色物质。首先是氨基酸被氧化分解，放出氨和二氧化碳，氨基酸生成醛，水合茚三酮则生成还原型茚三酮。在弱酸性溶液中，还原型茚三酮、氨和另一分子茚三酮反应，缩合生成蓝紫色物质。所有氨基酸及具有游离 α- 氨基的肽都产生蓝紫色，但脯氨酸和羟脯氨酸与茚三酮反应产生黄色物质，因其 α- 氨基被取代，所以产生不同的衍生物。根据反应所生成的蓝紫色的深浅，在 560 nm 波长下进行比色就可测定样品中氨基酸的含量。不同谷氨酸与茚三酮反应得到的显色产物的最大吸收波长不同；加之显色深浅不同，反映出相应氨基酸的不同含量。以此为依据，可为谷氨酸定性及定量。在 pH 5 ~ 6 范围内氨基酸的显色反应最灵敏。谷氨酸棒杆菌通常在 0 ~ 12 h 为生长期，12 h 后为产酸期，所以应该从 12 h 以后开始检测谷氨酸的含量，每 2 h 取样一次。

谷氨酸测定还可采用强碱标准溶液滴定法。由于氨基酸具有酸性的—COOH 和碱性的—NH_2，因此不能用氢氧化钠直接测定。当加入甲醛溶液时，—NH_2 与甲醛结合，从而使其碱性消失，这样就可以用强碱标准溶液来滴定—COOH，便可测定氨基酸含量，该方法用于快速测定谷氨酸。

【实训材料与器材】

谷氨酸标品，茚三酮，丙酮，盐酸，氢氧化钠，试管，试管架，PVC 胶塞，250 mL 三角瓶（2 个）。

标准样品的制备　谷氨酸纯品稀释至 3 mg/mL 溶液，调 pH 至 5.5 ~ 6.0。

茚三酮试剂　称取 0.5 g 茚三酮溶于 100 mL 丙酮中，避光。

40% 中性甲醛溶液　加 2 滴百里香酚酞指示剂，用 NaOH 滴定至淡蓝色，使用前中和。

0.1 mol/L 氢氧化钠标准溶液。

0.5% 酚酞指示剂　称取酚酞 0.5 g，溶解于 100 mL 95% 酒精中。

0.1% 百里香酚酞指示剂　称取百里香酚酞 0.1 g，溶解于 100 mL 95% 酒精中。

pH 调节试剂的制备：

2 mol/L NaOH 溶液　称取 8 g NaOH 溶于 100 mL 蒸馏水中。

1 mol/L HCl 溶液　量取 36 mL 盐酸溶于 64 mL 蒸馏水中。

水浴锅，分光光度计。

【实训操作】

1. 茚三酮法测定谷氨酸

（1）谷氨酸标准曲线制作　取 5 支试管，分别加入配制好的谷氨酸纯品稀释溶液 0.1，0.2，0.3，0.4，0.5 mL，补水至 3 mL。随后每只试管中加入 0.5 mL 茚三酮试剂，塞上 PVC 胶塞。摇匀管内溶液，置于试管架中，将试管架迅速置于 80℃水浴锅中加热 15 min，期间切勿将试管架拿出。然后快速取出试管，再将试管架插入冰浴锅中，冷却 5 min。随后混匀，以蒸馏水为空白对照，测出各浓度标准样品 A_{560} 值。

（2）谷氨酸发酵液预处理　取谷氨酸发酵液于 10 000 r/min 离心 5 min，取上清液弃去菌体，用蒸馏水稀释 10 倍，调节 pH 至 5.5 ~ 6.0 后备用。

（3）发酵样品谷氨酸含量检测　取 3 mL 预处理好的发酵液加入 18 mm × 180 mm 玻璃试管中，调整发酵液 pH 在 5.5 左右，沿试管壁加入 0.5 mL 茚三酮试剂，塞上 PVC 胶塞。将试管中液体振匀，置于试管架中，将试管架迅速置于 80℃水浴中加热 15 min。快速取出保温到时的试管，再将试管架插入冰浴锅中，冷却 5 min。随后混匀，将分光光度计波长调至 560 nm 处，以 10 倍稀释的空白液体发酵培养基为空白对照，测出 A_{560} 值，根据谷氨酸标准曲线计算谷氨酸含量。

2. 滴定法测定谷氨酸

（1）取两个 250 mL 三角瓶，分别准确加入检测液 2 mL，加蒸馏水 30 ~ 40 mL。其中一个三角瓶中加 2 滴酚酞指示剂，用 0.1 mol/L NaOH 滴至微红色（pH 8.2），记下消耗的 NaOH 体积 V_1。

（2）另一个三角瓶加 2 滴百里香酚酞指示剂及中性甲醛溶液 5 mL，摇匀，静置 1 min，用 0.1 mol/L NaOH 滴定至淡蓝色（pH 9.4），记录所消耗的 NaOH 体积 V_2，两次消耗 NaOH 的体积差（$V_2 - V_1$）用于计算谷氨酸的含量。

（3）谷氨酸含量计算

$$\text{谷氨酸含量（mmol/mL）} = \frac{\text{两次消耗 NaOH 体积差（}V_2-V_1\text{）} \times \text{NaOH 浓度}}{\text{样品体积数}}$$

【实训记录与思考】

1. 绘制谷氨酸测定标准曲线。
2. 测定发酵样品中的谷氨酸含量。

任务七：谷氨酸的等电点回收及结晶

【实训目的】

1. 掌握等电点提取的原理。
2. 了解谷氨酸结晶的原理。

【实训原理】

谷氨酸的等电点为 pH 3.2，谷氨酸在此酸碱度时溶解度最低，可制备谷氨酸。发酵法生产谷氨酸提取工艺的具体流程如下：谷氨酸发酵液经灭菌后进入超滤膜进行超滤，澄清的谷氨酸发酵液在第一调酸罐中被调整 pH 为 3.20 ~ 3.25，然后进入连续蒸发降温结晶装置进行结晶，分离、洗涤，得到谷氨酸晶体和母液，将一部分母液进入脱盐装置，脱盐后的谷氨酸母液一部分与超滤后澄清的谷氨酸发酵液合并；另一部分在第二调酸罐中被调整 pH 至 4.5 ~ 7.0，蒸发、浓缩、再在第三调酸罐中调 pH 至 3.20 ~ 3.25 后，进入低温的等电点连续蒸发降温结晶装置，使母液中的谷氨酸充分结晶出来，低温的等电点连续蒸发降温结晶装置排出的晶浆被分离、洗涤，得到谷氨酸晶体和二次母液。

在等电点中和控制过程中，pH 控制精度要求较高、难度较大。这是由于中和过程开始时系统具有较大的灵敏度，使得初始加酸量难以控制适当，pH 易出现过调，进而引起中和初期 pH 的大幅度波动。而在中和后期，随着 pH 的降低，系统反应灵敏度减弱。所得粗品谷氨酸经过干燥后分装成袋保存。

从发酵液中提取得到的谷氨酸是味精生产中的半成品，谷氨酸与适量的碱进行中和反应，生成谷氨酸钠，谷氨酸钠溶液经过活性炭脱色及离子交换柱除去 Ca^{2+}、Mg^{2+}、Fe^{2+}，即可得到高纯度的谷氨酸钠溶液。将纯净的谷氨酸钠溶液导入结晶罐，进行减压蒸发，当波美度［波美度（°Bé）是表示溶液浓度的一种方法，把波美比重计浸入所测溶液中，得到的度数就叫波美度］达到 30 ~ 30.5 °Bé 时放入晶种，进入育晶阶段，根据结晶罐内溶液的饱和度和结晶情况实时控制谷氨酸钠溶液输入量及进水量。味精的结晶过程要经过形成过饱和溶液、晶核形成及晶体成长 3 个阶段。结晶的生长通常需要投入一定的晶核，这样可以使晶体生长速度加快。这时必须严格控制结晶罐内的过饱和度使之在增加晶种后，不产生新晶核，也不溶化晶种，使结晶操作工作在介稳区，有利于晶核的稳定增长。结晶操作的原则是要争取最大的结晶速度与收率，并获得均匀整齐的晶型。经过十几小时的蒸发结晶，当结晶形体达到一定要求、物料积累到 80% 高度时，将料液放至助晶槽，结晶长成后分离出味精。

【实训材料与器材】

谷氨酸发酵液，盐酸，碳酸氢钠，活性炭柱。

结晶罐，制冷机，离心机，pH 计，旋转蒸发仪，波美计。

【实训操作】

1. 调节等电点

将发酵结束的醪液引入等电点桶或等电点池，待液温降至22℃加盐酸调pH，约2 h左右将发酵液pH调至4.0～4.5左右时，观察晶核是否形成，如已形成晶核，应停止加酸，育晶1～2 h，温度为8℃，使晶核增大，然后缓慢地将pH调节至3.0～3.2为止，此时继续搅拌20 h，形成谷氨酸晶体。

2. 谷氨酸分离

停止搅拌后，静置分离4 h，关闭冷却水，放出上清液，除去谷氨酸沉淀表层菌体及杂物，底部谷氨酸结晶取出送离心机分离，所得湿谷氨酸α-型晶供精制用。

3. 活性炭脱色

将谷氨酸结晶重新溶解于适量水中，添加颗粒状的活性炭柱进行脱色，色素被吸附，流出液即为脱除了色素的谷氨酸溶液。

4. 谷氨酸重结晶

将上述湿谷氨酸溶液置于结晶罐，打开制冷机，设置结晶罐的温度为8℃，用于去除色素和杂质，提高质量，利于精制，如结晶速率加快，周期缩短，味精质量和收率明显提高。

5. 若要获得谷氨酸钠，在步骤1中形成谷氨酸晶体后，可将谷氨酸晶体溶于40～60℃的热水中，继续添加碳酸氢钠溶液将其pH调至5.6，温度为70℃，所得谷氨酸钠溶液经活性炭柱脱色后，可在65～70℃蒸发浓缩去掉部分水分，当溶液浓度达到30～30.5波美度时，再加入谷氨酸钠晶种进行结晶即可得谷氨酸钠。

【实训记录与思考】

1. 等电点回收谷氨酸的原理是什么？
2. 如何使谷氨酸钠晶体达到较高的纯度？

任务八：离子交换法提取谷氨酸

【实训目的】

1. 掌握离子交换装置的结构和使用方法。
2. 掌握离子交换法提取谷氨酸的工艺流程。
3. 了解离子交换树脂的处理和再生。

【实训原理】

谷氨酸是两性电解质等电点为pH 3.2。当pH > 3.2时，羧基离解而带负电荷，能被阴离子交换树脂交换吸附；当pH < 3.2时，氨基离解带正电荷，能被阳离子交换树脂交换吸附。也就是说，谷氨酸可被阴离子交换树脂吸附也可以被阳离子交换树脂吸附。由于谷氨酸是酸性氨基酸，被阴离子交换树脂的吸附能力强而被阳离子交换树脂的吸附能力弱，因

此可选用弱碱性阴离子交换树脂或强酸性阳离子交换树脂来吸附氨基酸。但是由于弱碱性阴离子交换树脂的机械强度和稳定性都比强酸性阳离子交换树脂差，价格较贵，因此常选择强酸性阳离子交换树脂而不选用弱碱性阴离子交换树脂。本实训采用 732# 阳离子交换树脂，其性能如表 3–4。

表 3–4　732# 阳离子交换树脂的主要性能常数

交联度	粒度 / 目	最高耐热 /℃	理论交换容量 /（mmol/g 干树脂）	湿视密度 /（g/cm^3）	pH	溶胀率 /%	水分 /%
7 ~ 8	60	93	4.5	0.75 ~ 0.85	0 ~ 14	2.25（水）	46 ~ 52

谷氨酸溶液中既含有谷氨酸也含有如蛋白质、残糖、色素、其他金属离子等妨碍谷氨酸结晶的杂质存在，通过控制合适的交换条件，再根据树脂对谷氨酸以及对杂质吸附能力的差异，选择合适的洗脱剂和控制合适的洗脱条件，使谷氨酸和其他杂质分离，以达到浓缩提纯谷氨酸的目的。

【实训材料与器材】

谷氨酸等电点提取产物，732# 离子交换树脂。

上柱交换液　谷氨酸发酵液或等电点母液。

洗脱用碱（4% NaOH 溶液） 40 g NaOH 溶于 1 000 mL 自来水中。

再生用酸 ［6%（*V*/*V*）盐酸溶液］ 将大约 80 mL 浓盐酸（36% 含量）用自来水稀释至 500 mL。配成约 4°Be，相对密度 1.027 的溶液。

0.5% 茚三酮溶液　0.5 g 茚三酮溶于 100 mL 丙酮溶液中配制成。

pH 计，糖度计，离子交换有机玻璃柱（柱底用玻璃珠以防树脂漏出）。

【实训操作】

1. 安装离子交换装置

采用动态法固定床的单床式离子交换装置，离子交换柱是有机玻璃柱，柱底用玻璃珠以防树脂漏出，检查阀门、管道是否安装妥当。

2. 树脂的处理

对市售干树脂，先经水充分溶胀后，经浮选得到颗粒大小合适的树脂，然后加 3 倍量的 2 mol/L HCl 溶液，在水浴中不断搅拌加热到 80℃，30 min 后自水溶液中取出，倾去酸液，用蒸馏水洗至中性，然后用 2 mol/L NaOH 溶液，同上洗树脂 30 min 后，用蒸馏水洗至中性，这样用酸碱反复轮洗，直到溶液无黄色为止。用 6% 盐酸溶液转树脂为氢型，蒸馏水洗至中性备用。过剩的树脂浸入 1 mol/L NaOH 溶液中保存，以防细菌生长。

3. 计算上柱量

先测量浸水后湿树脂的体积及上柱液总谷氨酸含量（测定方法见任务六滴定法测定谷氨酸），再按下式计算上柱量：

$$\text{上柱量（mL）}=\frac{\text{湿树脂体积（mL）}\times\text{湿树脂实际交换当量（mmol/mL 湿树脂）}}{\text{总氮含量（mmol/mL）}}$$

根据实践，湿树脂实际交换当量为 1.2 ~ 1.3 mmoL/mL 湿树脂。

4. 上柱交换

本实训用顺上柱方式。先把树脂上的水从底阀排走，排至清水高出树脂面 2 cm 左右，同时调节柱底流出液速度，控制其流速为 30 mL/min 左右。然后把上柱液放入高位槽中，开启阀门，进行交换吸附。注意控制柱的上、下流速平衡，既不“干柱”，也要避免上柱液溢出离交柱。前期流速为 30 mL/min 左右，后期流速为 25 mL/min 左右。

每流出 100 mL 流出液，用 pH 试纸及糖度计测量其 pH 及浓度，记录下来。间断用茚三酮溶液检查是否有谷氨酸漏出。如有漏出，应减慢流速。上柱液交换完毕，加入 1/3 树脂体积的清水将未交换的上柱液全部加入树脂中交换。

5. 水洗杂质及疏松树脂

开启柱底清水阀门，使水从下面进入反冲洗净树脂中的杂质，注意不要让树脂冲走。反冲至树脂顶部溢流液清净为止，再把液位降至离树脂面 5 cm 左右，反冲后树脂也被疏松了。

6. 热水预热树脂

加入树脂体积 3 倍左右的 60 ~ 70℃热水到柱上预热树脂，柱下流速控制为 30 ~ 35 mL/min。

7. 热碱洗脱

将水位降至离树脂面 2 cm 左右，接着加入 60 ~ 65℃的 4% NaOH 溶液到柱上进行洗脱，用碱量按下式计算：

$$4\%\ \text{NaOH 用量（mL）} = \frac{\text{上柱量（mL）} \times \dfrac{\text{GA\%}}{147} \times 3 \times 40}{4\% \times 1.04}$$

式中，147 为谷氨酸分子量；

3 为被吸附谷氨酸当量数的倍数；

40 为 NaOH 分子量；

1.04 为 4% NaOH 的相对密度。

每收集 50 mL 流出液检查并记录其 pH 及浓度。柱下流速前期 30 mL/min，后期为 50 ~ 60 mL/min。到流出液 pH 为 2.5（浓度约为 0.5°Bé）时，开始收集高流分，此时应加快流速以免“结柱”。如出现“结柱”，应用热布把阀门加热使结晶溶化。一直收集到 pH 9 为止。流完热碱，用 60℃热水把碱液压入树脂内，开启柱底阀门，用自来水反冲树脂，直至溢出液清亮，pH 为中性为止。

8. 收集

把高流分集中在一起，用浓盐酸把全部谷氨酸结晶溶解，测量其总体积及总氮摩尔含量。

9. 树脂再生

洗净树脂后，降低液面至树脂面以上 5 cm 左右，然后通入 6% 盐酸对树脂进行再生。用酸量按下式计算：

$$\text{用酸量（mL）} = \frac{\text{树脂体积（mL）} \times 1.8 \times 1.2 \times 36.5}{6\% \times 1.027 \times 1\,000}$$

式中，1.8 为树脂全交换当量，mmol/mL 湿树脂；

1.2 为树脂全交换当量的倍数；

6% 为盐酸含量；

36.5 为盐酸分子量；

1.027 为 6% 盐酸相对密度。

再生树脂流速控制在（25 ~ 30）mL/min。再生完毕，离交柱则处在可交换状态（树脂为 H 型）。

【实训记录与思考】

1. 记录离子交换树脂型号、交换柱直径、树脂高度、装填量及交换容量。

2. 记录谷氨酸上柱吸附交换情况，并绘制谷氨酸在 732# 树脂吸附曲线图，pH 与时间（pH–T），谷氨酸浓度与时间（Be–T），pH 与体积（pH–V），谷氨酸浓度与体积（Be–V）的变化关系。

3. 记录谷氨酸洗脱情况，并绘制谷氨酸在 732# 树脂洗脱曲线图，pH 与时间（pH–T），谷氨酸浓度与时间（Be–T），pH 与体积（pH–V），谷氨酸浓度与体积（Be–V）的变化关系。

4. 记录树脂再生溶液种类、用量及时间。

5. 计算离子交换谷氨酸提取率

$$\text{提取率} = \frac{\text{收集高流分液量（mL）} \times \text{高流分液的谷氨酸摩尔含量}}{\text{上柱液体积（mL）} \times \text{上柱液的谷氨酸摩尔含量}} \times 100\%$$

6. 试分析影响离子交换谷氨酸提取率的主要因素。

【参考文献】

1. 杨立，龚乃超，吴士筠 . 现代工业发酵工程 . 北京：化学工业出版社，2020

2. 邱立友 . 发酵工程与设备 . 北京：中国农业出版社，2016

3. 佟毅 . 味精绿色制造新工艺、新装备 . 北京：化学工业出版社，2020

4. 欧阳平凯，胡永红，姚忠 . 生物分离原理及技术 . 3 版 . 北京：化学工业出版社，2019

第四章

酿酒酵母合成植物次级代谢产物白藜芦醇

白藜芦醇是一种植物抗毒素，具有抗菌、抗氧化、保护心血管、抗癌等许多药理作用，现已被广泛应用于食品、医药、保健品等行业。目前生产白藜芦醇的方法主要是植物提取法，但在自然条件下植物体内白藜芦醇的含量很低，限制了白藜芦醇的产量。因此，利用现代合成生物学技术和代谢工程技术生产白藜芦醇逐渐受到人们的重视。由于酿酒酵母具有生长速度快、对培养条件要求低并且生产过程中不产生毒素等优点，利用重组酿酒酵母生产白藜芦醇是一条经济高效的途径。有研究报道，改造后的酿酒酵母还可用于酿造啤酒或红酒，有利于增加啤酒或红酒中白藜芦醇的含量。由于酿酒酵母体内缺少白藜芦醇生物合成过程中的关键酶，即 4- 香豆酰辅酶 A 连接酶（4CL）和芪合成酶（STS），为了获得一种酵母快速合成白藜芦醇的体系，本实训分别从拟南芥中克隆获得白藜芦醇合成途径的关键酶 4CL 的基因和从虎杖中克隆获得 STS 的基因，采用 DNA 组装技术构建了融合表达载体 pRS415-At4CL-PcSTS 后转化至酿酒酵母中，之后利用 HPLC 分析检测重组酿酒酵母代谢产物，最后对重组菌合成白藜芦醇的诱导时间、底物添加浓度和添加方式进行了优化研究，所构建的重组酿酒酵母菌体生长 48 h 后进行诱导表达，同时添加底物 4- 香豆酸可产白藜芦醇（图 4-1）。

为了抑制其他途径对合成目标产物的影响，可采用解除反馈抑制、控制旁路支路的策略来促进目标产物的合成，如敲除苯丙氨酸向苯乙醇转化的支路途径等。

合成生物学是近年来新兴的生物学研究领域，是在阐明并模拟生物合成的基本规律之上，以工程化设计理念，对生物体进行有目标的设计、改造乃至重新合成，达到人工设计并构建新的、具有特定生理功能的生物系统，从而建立药物、功能材料、化学品等生物制品的新型制造途径。本实训旨在通过植物天然产物白藜芦醇生物合成途径的分子基础，发现未知关键基因与功能模块，解析天然产物生物合成的完整途径，进行合成途径重建，实现植物天然产物的微生物异源生物合成，让学生初步了解合成生物设计思路，就合成生物学中核心元件（如基因线路、酶、代谢途径等）的设计以及合理组装或敲除方式，建立具有可预测性和调控性的代谢途径，构建具有生产特定生物制品的特定功能的新型酿酒酵母细胞工厂。本实训目的在于培养学生的创新设计能力，有助于今后从事非单一生物来源的天然产物代谢接力合成途径，设计、重构多源复合途径天然产物的异源组装模块，研究非天然模块、途径在微生物底盘细胞中的适配机制，实现未知天然产物的发现及开发应用，提升功能活性；进行微生物合成植物天然产物的功效和安全评价。对于能够达到产量要求及成本要求的细胞工厂可选择前三章介绍的相关发酵系统进行放大生产。

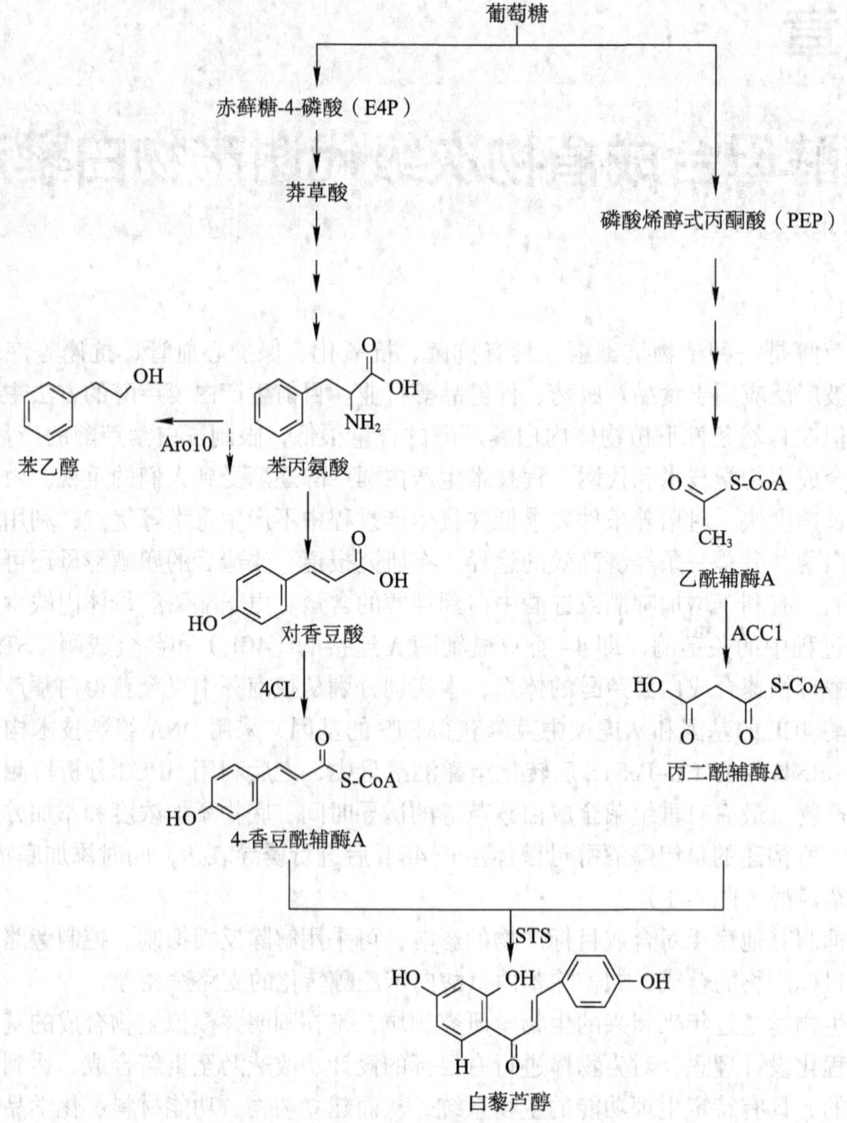

图 4–1　酿酒酵母白藜芦醇合成途径设计

任务一：酿酒酵母的培养

【实训目的】

1. 掌握酿酒酵母细胞的活化与培养基本方法。
2. 掌握培养基的配制方法及无菌操作。

【实训原理】

微生物培养是指借助人工配制的培养基和人为创造的培养条件（如培养温度等）使某些（种）微生物快速生长繁殖。微生物培养可分为纯培养和混合培养，前者是指对已纯化的单一菌种进行培养和利用；后者是指对混合菌种或自然样品（如土壤）中的微生物进行培养。微生物培养可使用合成培养基或天然培养基，通常根据微生物的不同种类和生活习性来配制特定的培养基。微生物培养成功的关键在于无菌操作、培养器具洁净等。培养基灭菌不彻底、培养过程中有杂菌污染容易导致实验失败。本实训培养的细胞用来制备酵母感受态细胞，感受态是受体最容易接受外源 DNA 片段并实现转化的一种生理状态，用合适的化学试剂处理细胞后，细胞逐渐形成感受态细胞，有利于外源质粒或 DNA 片段进入细胞。

【实训材料与器材】

酿酒酵母 BY4741。

1.5 mL 离心管，试管，软木塞，移液器等。

YPD 液体培养基（g/L）　酵母膏 10 g，蛋白胨 20 g，溶于 900 mL 水中，将其于 121℃灭菌 20 min；同时配制 100 mL 20 g 葡萄糖溶液，采用过滤膜过滤灭菌，灭菌完成后将二者混匀。

高压蒸汽灭菌锅，紫外 / 可见光分光光度计，培养箱，摇床。

【实训操作】

1. 从超低温冰箱中将冻存的酿酒酵母 BY4741 划线接种到 YPD 固体培养基中，在 28℃培养箱中培养 2 ~ 3 d，挑取单菌落。
2. 将少量单菌落接种于 3 mL YPD 液体培养基中，在 28℃、180 r/min 过夜培养 2 d。
3. 取过夜培养的酿酒酵母菌液 2 mL，测定其在 A_{600} 下的吸光度值。
4. 根据测得的 YPD 液体培养基的吸光度，添加新鲜的 YPD 液体培养基，使其 A_{600} 为 0.2，计算所需添加原液的量，将酵母接种到新鲜的 YPD 培养基中；然后在 200 r/min、28℃培养 4 ~ 6 h，使其 A_{600} 达到 0.6 ~ 0.8。
5. 培养好的酿酒酵母用于制备酵母感受态细胞，宜现用现培养，酿酒酵母不宜放置过久，否则影响转化效率。

【实训记录与思考】

1. 为了制作酵母感受态细胞，为何要控制其 A_{600} 为 0.6 ~ 0.8?
2. 水浸片法观察酵母的生长状态，并做记录。

任务二：白藜芦醇在酿酒酵母中合成的关键基因克隆

【实训目的】

1. 了解 PCR 引物的设计原理。
2. 掌握 PCR 扩增目标产物的方法。

【实训原理】

基因克隆

基因克隆是指分离一段已知DNA序列，并获得复制品的过程。这一复制过程用于获取DNA片段靶向DNA序列，如启动子、非编码序列、化学合成的寡核苷酸或是随机的DNA片段。将DNA片段（或基因）与载体DNA分子连接，然后引入宿主细胞，再筛选获得重组的克隆，按克隆目的可分为DNA克隆和cDNA克隆两类。DNA克隆是以基因组为模板，直接经PCR扩增获得目的片段；cDNA克隆是以mRNA为原材料，经体外反转录合成互补的DNA（cDNA），再与载体DNA分子连接引入宿主细胞。白藜芦醇合成关键基因的克隆涉及启动子的克隆、目的基因的克隆、终止子的克隆等。

琼脂糖凝胶电泳

凝胶电泳技术操作简单而迅速，分辨率高，分辨范围极广。此外，凝胶中DNA的位置可以用低浓度荧光插入染料如溴化乙锭（EB）或SYBR Gold染色直接观察。分子生物学实验中常用的两种凝胶为琼脂糖和聚丙烯酰胺凝胶。这两种凝胶能灌制成各种形状、大小和孔径，也能以许多不同的构型和方位进行电泳。琼脂糖凝胶电泳易于操作，适用于核酸电泳，测定DNA的分子量，分离经限制酶水解的DNA片段，进一步纯化DNA等。在溶液中由于核酸有磷酸基而带负电荷，在电场中向正极移动。DNA在琼脂糖凝胶中的电泳迁移速率主要取决于下面6个因素：①样品DNA分子的大小。电泳时线性双螺旋DNA分子是以头尾位向前迁移的，其迁移速率与分子量（所含碱基）的对数值成反比，这是因为大分子有更大的摩擦阻力。② DNA分子的构象。分子量相同而构象不同的DNA分子，其迁移速率不同。在抽提质粒DNA过程中，由于各种因素的影响使超螺旋的共价闭合环状结构的质粒DNA的一条链断裂，变成开环DNA分子，如果两条链发生断裂，就转变为线状DNA分子。这三种构型的分子有不同的迁移率。一般情况下，超螺旋型迁移速率最快，其次为线状分子，最慢的是开环状分子。③琼脂糖浓度。琼脂糖浓度直接影响凝胶的孔径，一定大小的DNA片段在不同浓度的琼脂糖凝胶中的泳动速率不同。通常凝胶浓度越低，则凝胶孔径越大，DNA电泳迁移速率越快，因此，分子量越大，选用的凝胶浓度应越低。④电泳所用电场。低电压条件下线性DNA片段的迁移速率与所用电压成正比，电压越高，带电颗粒泳动越快，但随着电场强度的增加，不同长度DNA泳动的增加程度不同，因此凝胶电泳分离DNA的有效范围随着电压上升而减少。为了获得DNA片段的最佳分离效果，电场强度应小于5 V/cm。⑤缓冲液。缓冲液的组成和离子强度直接影响迁移率。当电泳液为去离子水（如不慎误用去离子水配制凝胶），溶液的导电性很少，带电颗粒泳动很慢，DNA几乎不移动；而在高离子强度下（如错用10× 电泳缓冲液），导电性极高，带电颗粒泳动很快，产生大量的热，有时甚至熔化凝胶或使DNA变性。⑥温度。琼脂糖凝胶电泳时，不同大小DNA片段的相对电泳迁移率在4～30℃内无变化。一般琼脂糖凝胶电泳多在室温下进行，而当琼脂糖含量少于0.5%时，凝胶很脆弱，最好在4℃下电泳以增加凝胶强度。

【实训材料与器材】

拟南芥和虎杖。

pRS415 质粒。

4CL、STS 基因来源于拟南芥和虎杖基因组（在质粒构建中分别命名为 At4CL、PcSTS，表示来源于拟南芥的 4CL 和来源于虎杖的 STS），启动子 TEF1p、PGIp 和终止子 TEF1t、PGIt 基因来源于酿酒酵母，其引物设计如表 4–1 所示。

表 4–1 所用引物

名称	序列或者片段大小
4CL–F	TTTTTTTACTTCTTGCTCATTAGAAAGAAAGCATAGCAATCTAATCTAAGTTTTCTAGAGatggcgccacaagaacaagc
4CL–R	CGGTTAGAGCGGATGTGGGGGGAGGGCGTGAATGTAAGCGTGACATAACTAATTACATGAcaatccatttgctagttttg
PcSTS–F	atggcagcttcaactgaaga
PcSTS–R	TAGGAACAACACCTGTAAACAATTCTTCACCCTTTGAGAATTCGCT ttgctggatgcctaattgttcaggcctctaatttgcagtcttccccacacaggaggtctttaaatgatgggcacacttc
TEF1p–F	accgggccccccctcgaggtcgacggtatcgataagcttgatatcgaattcctgcagcccCATAGCTTCAAAATGTTTCT
TEF1p–R	CTCTAGAAAACTTAGATTAG
TEF1t–F	TCATGTAATTAGTTATGTCA
TEF1t–R	gcatcactgctacagctgcttattgactgtagtaaatagactatgggcatgctttttgggGCAAATTAAAGCCTTCGAGC
PGIp–F	cccaaaaagcatgcccatag
PGIp–R	gatggccaggacggtggcggctgtttgtgccttcatcatctcttcagttgaagctgccattttggctttgcttggtgtgg
PGIt–F	agacctcctgtgtggggaag
PGIt–R	ttgctggatgcctaattgttcaggcctctaatttgcagtcttccccacacaggaggtctttaaatgatgggcacacttc
载体 pRS415	限制性内切酶 *Sma* I 消化后获得线性骨架片段

PCR 高保真酶（2 × Phanta Max Master Mix PCR），质粒提取试剂盒，胶回收试剂盒，琼脂糖、溴化乙锭（EB）、1 × TAE 缓冲液。

电泳槽、凝胶成像分析系统、PCR 仪。

【实训操作】

1. 以拟南芥基因组和虎杖基因组为模板，分别扩增 *4CL*（正向引物 4CL–F，反向引物 4CL–R）和 *STS*（正向引物 PcSTT–F，反向引物 PcSTS–R）两个基因，PCR 反应条件如表 4–2 所示。载体 pRS415 的酶切体系如表 4–3 所示，酶切条件为 37℃、2 h。

2. 琼脂糖凝胶配制　称取 0.3 g 琼脂糖，加入 30 mL 1 × TAE 缓冲液，于微波炉中加热溶解，加入 2 滴 EB 染料后混匀倒入提前准备好的制胶板中，待其凝固后备用。

3. 将 PCR 产物点入琼脂糖凝胶中相应的梳孔中，120 V 电泳 30 min，将电泳好的凝胶于成像仪中进行观察，在紫外灯下将目的条带（*4CL* 约 1 600 bp，*STS* 约 1 200 bp）分别切下，装入 1.5 mL 灭菌的离心管中准备胶回收 PCR 产物。

表 4-2　目的基因 PCR 反应体系及条件

PCR 反应体系		PCR 反应程序		
名称	体积 /μL	温度	时间	
PCR 高保真酶混合液	25	95℃	3 min	
目的基因正向引物	2	95℃	30 s	32 个循环
目的基因反向引物	2	58℃	30 s	
基因组	2	72℃	30 s	
ddH_2O	19	72℃	5 min	
总体积	50	72℃	∞	

表 4-3　载体 pRS415 酶切体系

名称	体积 /μL
pRS415 质粒	20
Sma Ⅰ	2
10× 缓冲液	4
ddH_2O	14
总体积	40

4. 胶回收　可根据胶回收试剂盒说明进行操作。①在上述管中加入等倍体积 DNA 结合液（Buffer GDP）（约 300 μL），总体积控制在 700 μL 内，于 50 ~ 55 ℃水浴中保持 7 ~ 10 min，确保凝胶块完全溶解，水浴期间颠倒混匀 2 次；②将纯化柱 Fast Pure DNA Mini Columns-G 置于 2 mL 收集管中，把溶解后的胶液转移至吸附柱中，12 000 r/min 离心 30 ~ 60 s；③弃滤液，把吸附柱置于收集管中，再次加入 300 μL DNA 结合液至吸附柱中，静置 1 min，12 000 r/min 离心 30 ~ 60 s；④弃滤液，把吸附柱置于收集管中，加入 700 μL 漂洗液（Buffer GW）（已加入无水乙醇）至吸附柱中，12 000 r/min 离心 30 ~ 60 s。⑤弃滤液，把吸附柱置回收集管中，12 000 r/min 离心 2 min；⑥将吸附柱置于 1.5 mL 灭菌离心管中，加入 20 ~ 30 μL 洗脱缓冲液至吸附柱中央，放置 2 min，12 000 r/min 离心 1 min，离心获得的溶液保存于 -20℃备用。

【实训记录与思考】

1. 各片段引物设计的原理是什么？
2. 各片段的浓度控制在多少合适？

任务三：酵母 DNA 组装技术构建表达载体

【实训目的】

1. 理解多片段基因或代谢途径基因在酿酒酵母中的组装原理。
2. 了解启动子、终止子的选择原则。
3. 了解营养缺陷型筛选培养基的设计原理。

【实训原理】

酿酒酵母生长速度快，易于基因工程操作，适合大规模培养，工业化控制简便，是常见的合成生物学表达材料。基于酿酒酵母体内高效的 DNA 同源重组能力，本实训通过酿酒酵母转化偶联重组（transformation-associated recombination，TAR）技术，即基因同源重组技术调控酿酒酵母内源基因及引入外源基因，构建产白藜芦醇的酿酒酵母工程菌。酿酒酵母细胞内有着较其他生物更为高效的同源重组修复双链 DNA 断裂机制，使其成为研究同源重组机制和应用同源重组技术的主要模式生物（图 4–2）。实验发现在酿酒酵母系统中 15 bp 的同源区段就有可能介导同源重组的发生，获得重组克隆；当两端的同源区段为 30 bp 时，有效同源重组的频率可接近 60%。在大肠杆菌中所需的同源重组区段至少要 1 kb；同样在酵母种属中，汉逊酵母（*Hansenula polymorpha*）同源区段在 1 kb 时，重组的效率只有 50%；在粟酒裂殖酵母（*Schizosaccharomyces pombe*）中，同源区段在 60～81 bp 时，部分基因的重组效率可达 50%。正是由于这一特性，在酿酒酵母中进行重组操作时，可以通过人工合成的寡核苷酸链作为 PCR 引物，经 PCR 扩增使得由于重组的外源 DNA 片段两端带上重组所需的同源区段。其具体原理及过程是：①引物设计时每一个片段具有 40～60 bp 的首尾同源片段；②将纯化的 PCR 产物在一定条件下混合电转化新鲜培养的酿酒酵母；

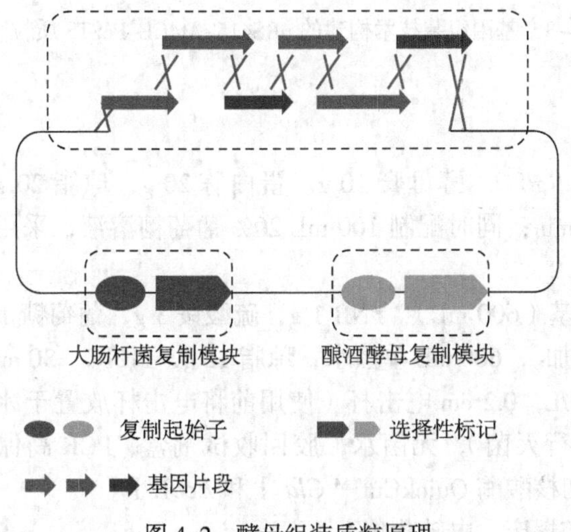

图 4–2　酵母组装质粒原理

③涂布平板，采用酿酒酵母营养缺陷型筛选标记筛选转化子；④挑选转化子，提取质粒，提取的质粒可转化大肠杆菌；⑤对质粒进行测序和验证。该方法的优势主要体现在：不依赖于限制性酶切位点的存在；不会引入多余的碱基，避免了移码突变；通过合成特定的同源序列，目的基因可以精确定位在靶位点上；解决了大片段的基因克隆问题。

以本实训要构建的 pRS415-At4CL-PcSTS 载体为例（图 4-3）。首先通过限制性内切酶 *Sma* Ⅰ对质粒 pRS415 进行线性化，得到骨架结构，该骨架结构与任务二中扩增的启动子、目的基因和终止子（组成两个表达盒 TEF1p-At4CL-TEF1t，PGIp-PcSTS-PGIt）首尾连接，各连接处有 40 ~ 60 bp 的同源臂，再将以上片段同时导入酵母中，在酵母中可组装成目标质粒。

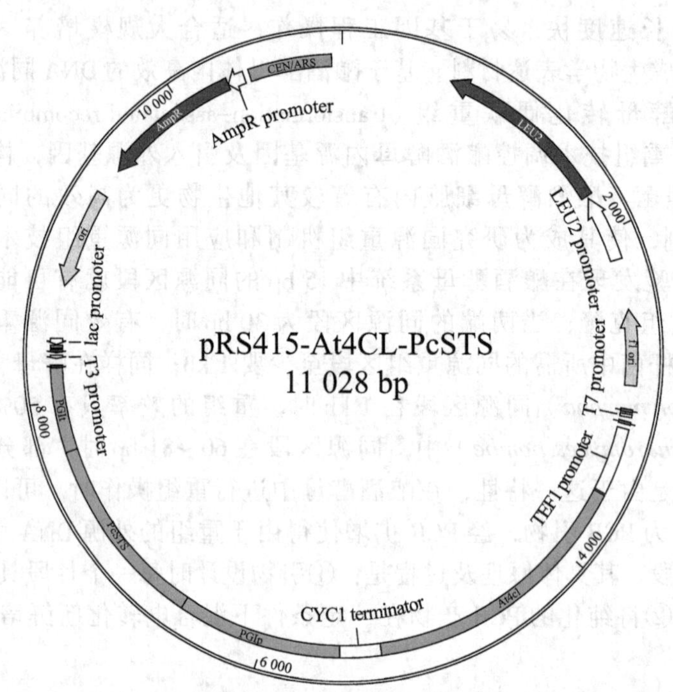

图 4-3　基因组装技术构建的 pRS415-At4CL-PcSTS 质粒图谱

【实训材料与器材】

YPD 液体培养基（g/L）　酵母膏 10 g，蛋白胨 20 g，琼脂 20 g，溶于 900 mL 水中，将其于 121℃灭菌 20 min；同时配制 100 mL 20% 葡萄糖溶液，采用过滤膜过滤灭菌，灭菌完成后将二者混匀。

SC-Leu 固体培养基（600 mL）　YNB 1 g，硫酸铵 3 g，葡萄糖 12 g，CSM-Leu 0.414 g（根据试剂瓶的说明添加），600 mL 单蒸水，琼脂 12 g，115℃、30 min 高压蒸汽灭菌。

山梨醇溶液 1 mol/L，0.2 cm 电击杯（使用前将电击杯放置于冰上，并且于超净工作台中用紫外灯照射进行灭菌），无菌水，胶回收试剂盒、PCR 高保真酶（2 × Phanta Max Master Mix PCR）、内切核酸酶 QuickCut™ *Cla* Ⅰ和 *Eco*R Ⅰ。

恒温培养箱，温控摇床，电转化仪。

【实训操作】

1. 将 pRS415 质粒进行酶切，获得线性片段，酶切体系如表 4–3 所示，37℃酶切 2 h 后，在 1% 琼脂糖凝胶中电泳分离目的片段，参照任务二目的片段的胶回收方法。

2. 将 PcSTS、At4CL、TEFp、TEFt、PGIp、PGIt 6 个片段进行扩增，扩增方法参考任务二。

3. 将任务一中新鲜培养的酵母 BY4741 菌液在 4℃、4 000 r/min 条件下离心 5 min，弃上清液。

4. 用 5 mL 预冷的无菌水对菌体进行重悬，重悬后将菌液再次在 4℃、4 000 r/min 条件下离心 10 min，弃上清液；再用 1 mL 无菌水进行重悬，重复此操作一次，在 4℃、4 000 r/min 条件下离心 10 min，弃上清液。

5. 所得菌体用 1 mL 预冷的 1 mol/L 山梨醇进行重悬，在 4℃、4 000 r/min 的条件下离心 10 min，弃上清液。

6. 将菌液再次用 300 μL 1 mol/L 山梨醇重悬，并分装，每管 100 μL。

7. 在上述菌液中取一管加入载体的线性片段、目的基因片段，各片段取 100 ~ 300 ng；另取一管菌液加入 100 ng 的 pRS415 质粒，用作阳性对照，再取一管不加任何质粒或者片段作为阴性对照。

8. 将混匀好的菌液加入到 0.2 cm 的电击杯中，进行电转，电击转化条件为 1.5 kV、6 ms。电击完成后将菌液吸出至 1.5 mL 离心管中，再加入 1 mL 的 YPD 液体培养基，菌液放于摇床中 30℃、250 r/min 培育 1 h。

9. 将培育好的菌液在 4℃、4 000 r/min 的条件下离心 5 min，再用 1 mol/L 山梨醇清洗 2 次，取 100 μL 涂布于缺陷型培养基（SC–Leu），在 28℃培养箱中培养 3 ~ 4 d 后，对生长出的单克隆转化子提取质粒（提取质粒方法参考任务四），进行 PCR 验证及测序验证。

【实训记录与思考】

1. 多片段基因在酿酒酵母中的组装原理是什么？

2. 启动子、终止子的选择原则是什么？

3. 记录转化子生长情况。

任务四：表达质粒的提取

【实训目的】

1. 掌握碱变性提取法的原理及各种试剂的作用，以及碱变性法提取质粒 DNA 的方法。

2. 掌握质粒 DNA 的纯化方法，即用酚、氯仿抽提法除去质粒中的蛋白质。

3. 学习并掌握凝胶电泳法进行 DNA 分离纯化的实验原理、凝胶的制备、电泳方法及凝胶中 DNA 的分离纯化方法。

【实训原理】

质粒DNA提取主要包括以下几方面：细胞裂解释放质粒DNA，质粒DNA和基因组DNA分离，去除RNA污染，去除蛋白质和其他杂质。质粒提取方法中最常用的方法是碱裂解法，它具有得率高、适用面广、快速、纯度高等特点。其原理是：在pH高达12.0的碱性溶液中，染色体DNA的氢键断裂，双螺旋结构解开而变性；共价闭合环状质粒DNA的大部分氢键断裂，但两条互补链不完全分离。当用pH 4.6的乙酸钾或乙酸钠高盐溶液调节碱性溶液至中性时，变性的质粒DNA可恢复原来的共价闭合环状超螺旋结构而溶解于溶液中；但染色体DNA不能复性，而是与不稳定的大分子RNA、蛋白质以及SDS形成复合物而一起形成缠连的、可见的白色絮状沉淀。溶于上清液的质粒DNA可用无水酒精和盐溶液使之凝聚而形成沉淀。由于DNA与RNA性质类似，乙醇沉淀DNA的同时，也伴随着RNA沉淀，可利用RNase A将RNA降解。质粒DNA溶液中的RNase A以及一些可溶性蛋白质可通过酚/氯仿抽提除去，最后获得纯度较高的质粒DNA。影响质粒提取的因素有很多，如质粒拷贝数、宿主菌株的种类、细菌的培养时间、培养基种类、培养条件等。质粒DNA最终收获量取决于质粒的拷贝数和质粒的大小。利用机械破碎的方法将酵母的细胞壁进行破碎，苯酚/氯仿提取DNA是利用酚使蛋白质变性，在EDTA存在下消化蛋白质、多肽或小肽分子，核蛋白变性降解，使DNA从核蛋白中游离出来。

【实训材料与器材】

DNA提取管（带有锆珠），1 mol/L Tris–HCl（pH 8.0），1 mol/L EDTA（pH 8.0），70%酒精。

STE溶液　0.1 mol/L NaCl，10 mmol/L Tris–HCl（pH 8.0），1 mmol/L EDTA（pH 8.0）。

DNA提取液（Tris饱和酚：氯仿：异戊醇 = 25：24：1）。

离心机，SpectraMAX M2微量紫外分光光度计。

【实训操作】

1. 从SC–Leu固体培养基平板上挑取单克隆酵母转化子，接种到含有3 ~ 4 mL SC–Leu液体培养基的10 mL离心管中，放置于28℃摇床中，180 r/min过夜培养。

2. 将过夜培养的单克隆酵母转化子菌液（3 ~ 4 mL）在5 000 r/min下离心5 min, 弃上清液。

3. 加入300 μL STE溶液重悬，将菌液全部吸入DNA提取管（带有锆珠）中，加入300 μL DNA提取液，置于振荡器上剧烈振荡8 min。

4. 振荡结束后在10 000 r/min条件下离心5 min，吸取上清液300 μL，加入2.5倍体积（750 μL）的无水酒精沉淀质粒，冰箱中放置20 min以上。

5. 从冰箱取出酒精沉淀的质粒，在10 000 r/min条件下离心5 min，弃上清液，将沉淀的质粒用70%酒精进行清洗。

6. 再次在10 000 r/min条件下离心5 min，弃上清液，加入20 ~ 30 μL无菌水进行重悬，即得质粒。

【实训记录与思考】

1. 酵母质粒提取成败的关键因素是什么？
2. 提取质粒的纯度是多少？

任务五：酵母 DNA 组装技术构建表达载体的验证

【实训目的】

1. 了解 PCR 法初步验证组装质粒的正确性。
2. 了解酶切法验证组装质粒的正确性。
3. 了解测序法验证组装质粒的正确性。

【实训原理】

重组质粒的验证可采用 PCR 法、酶切法和测序法。通常采用的方法是首先用诊断 PCR 法或者限制性内切酶法初步验证质粒，再通过测序法确定质粒是否正确。PCR 法可以用来鉴定载体上是否重组了外源 DNA 片段并可估测外源插入片段的大小。根据载体多克隆位点上、下游基因的序列设计一对 PCR 引物，两引物之间的距离即是空载体 PCR 扩增的大小。如果在多克隆位点内插入外源 DNA 片段，就会改变 PCR 扩增产物的大小，扩增产物的大小减去两引物之间的距离即是插入片段的长度。也可以直接基于外源 DNA 两端的序列设计一对引物分别以空载体和重组质粒为模板进行 PCR 反应，只有重组质粒能扩增出一定大小的产物，则该产物的大小即是插入片段的大小。限制性内切酶法是采用限制性内切酶对构建的载体进行切割，限制性内切酶在 DNA 上有特异的识别和切割位点，可将 DNA 切开而得到两个或两个以上大小不同的片段，根据琼脂糖凝胶电泳检测可见有载体片段和插入的外源 DNA 片段，并可知插入片段的大小。双酶切法酶切图谱构建是使用两种不同的限制性内切酶对同一个 DNA 分子进行单酶切和双酶切，将所得的片段进行对比组装，对交替区域进行加减以确定酶切位点的相对位置。重组质粒是插入了外源 DNA 片段的载体分子，与空载体相比，其酶切图谱出现了变化，为基因组装的结果鉴定和进一步的操作提供依据。准确的验证方法是测序法，通常会将 PCR 法验证正确的质粒或者酶切验证正确的质粒送测序公司测序，最终确定所构建的质粒是否正确。

【实训材料与器材】

PCR 酶［2 × Taq Master Mix（Dye Plus）］，ddH$_2$O，琼脂糖、溴化乙锭（EB）。

引物 M13-F-p，CAGGAAACAGCTATGAC；M13-R-p，GTAAAACGACGGCCAGT。

PCR 仪，电泳槽，凝胶成像分析系统。

【实训操作】

1. 采用 PCR 法对任务四提取的质粒进行验证，PCR 反应体系及程序如表 4-4 所示。

表 4-4　PCR 反应体系及程序

PCR 反应体系		PCR 反应程序		
名称	体积 /μL	温度	时间	
ddH_2O	8.9	95℃	3 min	
2 × Taq Master Mix	10	95℃	30 s	32 个循环
M13-F-p	0.5	58℃	30 s	32 个循环
M13-R-p	0.5	72℃	30 s	32 个循环
质粒	0.1	72℃	5 min	
总体积	20	4℃	∞	

2. 将扩增好的产物进行 1% 琼脂糖凝胶电泳检测，观察其扩增的片段大小是否与预期大小一致，判断构建的载体是否正确。

3. 酶切法验证组装质粒的正确性　采用限制性内切酶法分析酶切片段是否与预期片段一致，其酶切体系如表 4-5 所示。

表 4-5　构建载体的酶切验证体系

名称	体积 /μL
质粒	10
Xba Ⅰ	0.5
mLu Ⅰ	0.5
10× 缓冲液	2
ddH_2O	7
总体积	20

30℃孵育 1 h，再升温至 37℃孵育 1 h。

酶切结束后，将酶切产物和未经过酶切的质粒进行琼脂糖凝胶电泳。电泳结束后对酶切后的产物和未经过酶切的进行对比。经过酶切的能看到两条带，一条是 7 300 bp 左右的载体片段，以及切下的约 3 500 bp 的片段。

4. 将 PCR 产物经胶回收后送公司测序，分析组装质粒的正确性。

【实训记录与思考】

1. 通过 PCR、酶切验证及测序分析，如何说明酵母同源重组构建质粒的准确性？

2. 酿酒酵母构建质粒有哪些优越性？

任务六：表达载体在大肠杆菌中的富集及提取

【实训目的】

1. 掌握质粒转化大肠杆菌的方法及大肠杆菌富集质粒的原理。
2. 掌握大肠杆菌提取质粒的方法。

【实训原理】

酿酒酵母组装质粒的拷贝数较少，故将酵母中提取的质粒转化到大肠杆菌中，在大肠杆菌中大量富集需要的质粒并提取，从而获得大量的载体。大肠杆菌在低温（0～5℃）环境下经 $CaCl_2$ 处理，细胞壁变松变软后能摄入外源 DNA，这种状态称为感受态细胞（competent cell）。质粒 DNA 或重组 DNA 黏附在细菌细胞表面，经过 42℃短时间的热击处理，促进吸收 DNA。然后在非选择培养基中培养一代，待质粒上所带的抗生素基因表达，就可以在含抗生素的培养基中生长。质粒转化大肠杆菌还可采用电转化的方法。电转化法是利用瞬间高压在细胞上打孔，同时 DNA 在电场力的作用下进入细胞，随后细胞复苏和弥合，从而实现质粒 DNA 的物理转移。为避免电击时出现“击穿”，即产生电流，细胞悬浮液中应含有尽量少的导电离子。

【实训材料与器材】

大肠杆菌 DH5α，具有氨苄青霉素（Amp）抗性标记的质粒 pRS415-At4CL-PcSTS。

LB 液体培养基（氨苄青霉素的浓度为 50 ng/mL）（g/L） 胰蛋白胨 10 g，酵母提取物 5 g，NaCl 10 g，溶于 1 L 水中，在 121℃灭菌 20 min，当培养基冷却至 60℃左右时，添加千分之一的 50 mg/mL 氨苄青霉素。

琼脂糖，TAE 缓冲液，溴化乙锭（EB），6×DNA上样缓冲液，DNA 分子量标准物 DNA Marker（100～5 000 bp），限制性内切酶 *Hind* Ⅲ，5 mol/L pH 5.2 的乙酸钠，无水酒精，细菌质粒提取试剂盒。

锥形瓶，手套，刀片，塑料薄膜，1.5 mL 离心管，50 mL 离心管等。

恒温培养箱，高速冷冻离心机，水浴锅，高压蒸汽灭菌锅，微量移液器，微波炉，电泳仪，制胶槽，电泳槽，梳子，电子天平，紫外灯。

【实训操作】

1. 将 1 μL 验证正确的质粒转入 50 μL 大肠杆菌 DH5α 感受态细胞（–80℃保存）中，充分混匀后于冰上放置 30 min，之后于 42℃下热激 45 s，常温放置 2 min 后再加入 100 μL LB 培养基，于 37℃培养箱中孵育 1 h，再涂布于带有氨苄抗性的 LB 平板中，过夜培养。

2. 挑取平板上的单菌落于 500 μL 带有 50 mg/mL 氨苄青霉素的 LB 液体培养基中，37℃、220 r/min 的条件下培养 8 h，取菌液进行 PCR 检测（检测方法参考任务四的 PCR 检测程序，模板为 1 μL 的菌液）。

3. 将检测结果为阳性的菌液按照 1∶10 的比例加入到 5 mL 含 50 mg/mL 氨苄青霉素

的 LB 液体培养基中。37℃，200 r/min 的条件下过夜培养 12 ~ 16 h。

4. 按照细菌质粒提取试剂盒的操作说明提取质粒，注意检查缓冲液 1 中是否已添加 RNase A，以及清洗缓冲液中是否已添加酒精。

5. 提取的质粒保存在洗脱缓冲液或无菌水中，-20℃保存备用。

【实训记录与思考】

为什么要用大肠杆菌来富集质粒?

任务七：表达载体电转化酿酒酵母

【实训目的】

1. 掌握酵母感受态细胞的制备过程。
2. 了解筛选标记在筛选酵母转化子中的作用和方法。
3. 通过电转的方式将目的片段转入酵母中完成质粒的构建。

【实训原理】

转化（transformation）是某一基因型的细胞从周围介质中吸收来自另一基因型的细胞的 DNA 而使它的基因型和表型发生相应变化的现象。这种现象首先发现于细菌，也是细菌间遗传物质转移的多种形式中最早发现的一种，它不同于通过噬菌体感染传递遗传物质的转导以及通过细菌细胞的接触而转移 DNA 的细菌接合。酵母转化方法可分为化学转化法和电转化法。

乙酸锂 / 聚乙二醇法（LiAc/PEG）是化学转化法，其转化原理是锂离子可以中和 DNA 和细胞膜脂所携带的负电荷，同时可以在细胞膜上形成小的孔道，便于 DNA 进入细胞。PEG 可以增加细胞的聚集，促进 DNA 分子黏附在细胞表面，增加转化效率。

细胞电转染（电转），也叫细胞电穿孔（electroporation），是把外源大分子物质 DNA、RNA、siRNA、蛋白质等以及一些小分子导入细胞膜内部的重要方法。在瞬间强大电场的作用下溶液中细胞的细胞膜具有了一定的通透性，带电的外源物质以类似电泳的方式进入细胞膜。由于细胞膜磷脂双分子层的电阻很大，细胞外部电流场产生的细胞两极电压都被细胞膜承受，细胞质内分到的电压可以忽略不计，细胞质内部几乎没有电流，因此也决定了正常范围内的电转过程中对细胞毒性很小。电场使 DNA 等物质进入细胞膜后只能停止在细胞膜附近，随后细胞本身的机制可以允许这些物质到细胞核等处。普通电转能量过高可导致部分细胞因细胞膜被破坏而死亡，其中能存活下来的细胞内部不会受到电流影响，因为细胞膜完整是细胞存活的必要条件。由于电转技术依靠的是物理方法，细胞表面的分子特性对电转影响比较小。相比化学转染方法和病毒载体转染方法，电转可以用在所有的细胞种类上，而且容易定量控制。

【实训材料与器材】

SC-Leu 固体培养基，1 mol/L 山梨醇，无菌水。

电转化仪。

【实训操作】

参考本章任务三。

【实训记录与思考】

1. 电转化的原理是什么?
2. 酿酒酵母常用的筛选标记有哪些?

任务八：酿酒酵母工程菌的发酵培养

【实训目的】

1. 了解酿酒酵母工程菌发酵的影响因素。
2. 了解营养缺陷型菌株的培养方法。

【实训原理】

工程菌培养通常具有一定的不稳定性，包括质粒的不稳定及其表达产物的不稳定两方面。具体表现为质粒的丢失、重组质粒发生 DNA 片段脱落和表达产物的不稳定。工程菌稳定与否取决于质粒本身的组成、宿主细胞的生理和遗传特性及环境条件等三方面。工程菌稳定性控制方法有：控制基因的过量表达，菌体的比生长速率，培养温度，培养基的组成。外源基因过量表达控制方法有：构建含可诱导启动子的工程菌，可选择培养条件使启动子受阻遏一定时间，在此期间质粒稳定遗传，然后通过去阻遏（诱导）使质粒高效表达；采用温度敏感型质粒，温度较低时质粒拷贝数少，当温度升高到一定时质粒大量复制、拷贝数增加。环境条件有：采用高密度培养，即提高菌体的发酵密度，最终提高产物的比生产率（单位体积和单位时间内产物的产量）的一种培养技术，通常指分批补料发酵技术。这样不仅可减少培养体积、强化下游分离提取，还可缩短生产周期、减少设备投资，最终降低生产成本。高密度培养技术具体方法主要是下面的所谓“三段法”：第一阶段，在甘油或葡萄糖为碳源的合成培养基中进行工程菌的分批培养，以积累菌体细胞；第二阶段，在限制生长速率下流加甘油或葡萄糖的流加补料培养，以进一步提高菌体量；第三阶段，即诱导阶段，开始较低速度流加诱导剂或者添加前提物质，以诱导外源蛋白的表达或目标产物的合成。

【实训材料与器材】

YPD 培养基 + 2% 葡萄糖　酵母膏 10 g，蛋白胨 20 g，琼脂 20 g，溶于 900 mL 水中，将其于 121℃灭菌 20 min；同时配制 100 mL 20% 葡萄糖溶液，采用过滤膜过滤灭菌，灭菌完成后将二者混匀。

SC–Leu 培养基（600 mL）YNB 1 g，硫酸铵 3 g，葡萄糖 12 g，CSM–Leu 0.414 g，600 mL 单蒸水，115℃、30 min 高压蒸汽灭菌。

带有 pRS415-At4CL-PcSTS 质粒的酵母工程菌 BY4741，乙酸乙酯，甲醇、p- 香豆酸。

离心机，恒温培养箱，温控摇床，浓缩仪。

【实训操作】

1. 将活化的酵母 pRS415-At4CL-PcSTS 单菌落接种到 400 μL SC-Leu 的液体培养基中，28℃、180 r/min 条件下过夜培养，再接种到含有 2 mL 2% 葡萄糖的 YPD 培养基中培养 16 ~ 20 h。

2. 将培养的菌液按 1∶8 比例接到新鲜的 YPD 培养基中，加入 p- 香豆酸至终浓度为 1 mmol/L，于摇床中 28℃、180 r/min 培养 72 h。

3. 取培养好的菌液于 4℃、8 000 r/min 离心 5 min，将上清液转移至干净的离心管中加入无水乙酸使得最终浓度为 5%，再用等体积的乙酸乙酯萃取，10 000 r/min 离心 10 min，取上清液。重复萃取三次，再将上清液在浓缩仪中真空抽干；若不需要这样提取，可直接将发酵液离心，过滤后检测。

4. 用 1 mL 甲醇将于浓缩仪中抽干的固体进行溶解，经过 0.22 μm 过滤柱过滤后进行 HPLC 检测。

【实训记录与思考】

1. 影响工程菌不稳定的因素有哪些?

2. 何谓高密度培养？高密度培养的关键和核心是什么?

任务九：高效液相色谱法检测白藜芦醇

【实训目的】

1. 掌握高效液相色谱分析法中的基本原理。

2. 了解高效液相色谱（HPLC 1200LC）组成结构、硬件操作及色谱工作站参数设定、数据采集及分析的基本操作。

3. 了解紫外 - 可见光检测器的基本原理及其适用范围。

4. 掌握高效液相色谱定性、外标定量方法。

【实训原理】

液相色谱法通常利用混合物中各组分物理化学性质的差异（如吸附力、分子形状及大小、分子亲和力等）使各组分在两相中的分布程度不同，从而使各组分以不同的速度移动而达到分离的目的。本实训中目标产物的分离可采用分配色谱，其原理主要基于样品分子在流动相和固定相间的溶解度不同（分配作用）而实现分离的液相色谱分离模式。在分配色谱中又以反相色谱应用最为广泛，如 C8、C18 等反相色谱柱将不同疏水基团通过化学反应键合到硅胶表面的游离羟基上，如 C18、C8 键合相填料，如图 4-4 所示。C18 柱 - 反相 HPLC（reversed phase HPLC）是由非极性固定相和极性流动相所组成的液相色谱体系，其代表性的固定相是十八烷基键合硅胶，代表性的流动相是甲醇和乙腈，可用于所有能溶

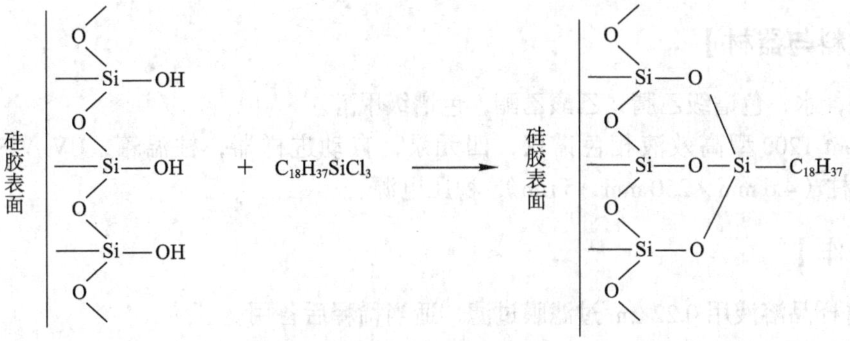

硅胶表面 —Si—OH（×3） + $C_{18}H_{37}SiCl_3$ → 硅胶表面 —Si—O—Si—$C_{18}H_{37}$

图 4–4　C18 键合固定相原理图

于极性或弱极性溶剂中有机物质的分离。

Agilent 1200LC 液相色谱仪主要包括梯度淋洗装置、高压输液泵、进样系统、分离系统、检测系统及色谱工作站，其工作过程为输液泵将梯度淋洗装置的流动相（经过在线过滤器）以稳定的流速（或压力）输送至分离系统即色谱柱，在进入色谱柱之前通过手动或自动进样器将样品导入，流动相将样品带入色谱柱，在色谱柱中各组分因在固定相中的分配系数不同而被分离，并依次随流动相流至检测器，检测到的信号送至色谱工作站数据系统记录、处理或保存。其简要工作原理如图 4–5 所示。紫外－可见光（UV–VIS）检测器的原理为：基于 Lambert–Beer 定律，即被测组分对紫外光或可见光具有吸收能力，且吸收强度与组分浓度成正比。很多有机分子都具紫外或可见光吸收基团，有较强的紫外或可见光吸收能力，因此 UV–VIS 检测器既有较高的灵敏度，也有很广泛的应用范围。用 UV–VIS 检测时，为了得到高的灵敏度，常选择被测物质能产生最大吸收的波长作检测波长。常用外标法对目标产物进行定量，其定量的依据是被测物质的量与它在色谱图上的峰面积（或峰高）成正比。数据处理软件（工作站）可以给出包括峰高和峰面积在内的多种色谱数据。一般由被测物所配标准浓度与峰面积做标准曲线，由标准曲线求出被测物浓度。

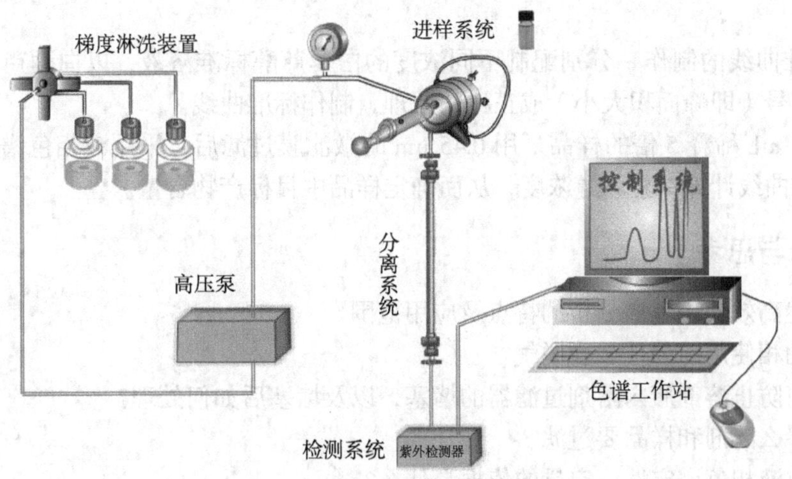

图 4–5　液相色谱工作原理图

【实训材料与器材】

乙酸，水，色谱级乙腈，乙酸乙酯，色谱级甲醇。

Agilent 1200 型高效液相色谱仪，四元泵，自动进样器，柱温箱，UV–VIS 检测器，C18 色谱柱（4.6 mm × 250 mm，5 μm），稳压电源。

【实训操作】

1. 将样品溶液用 0.22 μm 过滤膜过滤，适当稀释后备用。

2. 准备流动相　甲醇、高纯水（或二次蒸馏水），分别用有机系和水系 0.45 μm 滤膜抽滤，超声波脱气 15 ~ 20 min，更换流动相。

注意：勿让水系滤膜接触到有机相。

3. 选择 C18 色谱柱，安装色谱柱到液相色谱中，注意色谱柱的方向。

4. 液相色谱的使用须按照液相色谱操作手册进行，检测条件为：2% 乙酸溶液（A）和 100% 甲醇（B）作为流动相，柱温为 30℃。其过程主要包括系统平衡、上样、洗脱、再生等过程。液相条件如表 4–6 所示（采用有机相和水相梯度比例进行）。

流速为 0.4 mL/min，吸收光波长为 280 nm。

表 4–6　液相色谱洗脱条件

时间 /min	流动相 A/%	流动相 B/%
0 ~ 10	95 ~ 85	5 ~ 15
10 ~ 30	85 ~ 50	15 ~ 50
30 ~ 40	50 ~ 40	50 ~ 60
40 ~ 50	40 ~ 35	60 ~ 95
50 ~ 60	5	95
60 ~ 70	5 ~ 95	95 ~ 5

5. 标准曲线的制作　分别配制不同浓度的白藜芦醇标准溶液，以白藜芦醇浓度大小与其响应信号（即峰面积大小）成正比的原理，制作标准曲线。

6. 将 1 mL 稀释 5 倍的样品，用 0.45 μm 的微滤膜过滤后，采用液相色谱仪检测，根据上述标准曲线计算白藜芦醇浓度，从而确定样品中目标产物含量。

【实训记录与思考】

1. 简述高效液相色谱分析的特点及应用范围。

2. 流动相使用前为什么要脱气？

3. 如何防止溶剂瓶内溶剂过滤器的堵塞，以及堵塞后如何处理？

4. 为什么溶剂和样品要过滤？

5. 高效液相色谱定性、定量的依据是什么？

任务十：CRISPR-Cas9 敲除酿酒酵母苯乙醇途径

【实训目的】

1. 理解酿酒酵母竞争性途径敲除的目的。
2. 掌握 CRISPR-Cas9 敲除目的基因的原理及操作。
3. 分析竞争性途径敲除后对目标产物合成的影响。

【实训原理】

酵母允许外源质粒以独立复制子游离于基因组之外存在，也允许其整合到基因组中。与其他生物相比，酵母比较独特且强大的特点是外源序列的整合依赖于同源重组机制。CRISPR-Cas9（clustered regularly interspaced short palindromic repeats）是一种由细菌及古菌进化出来用以抵御病毒和质粒入侵的适应性机制，是由 RNA 指导 Cas9 核酸酶对靶向基因进行特定 DNA 修饰的技术，已被广泛应用于微生物、动植物的基因编辑。此系统的工作原理是 crRNA（CRISPR-derived RNA）通过碱基配对与 tracrRNA（trans-activating RNA）结合形成 tracrRNA/crRNA 复合物，此复合物引导核酸酶 Cas9 蛋白在与 crRNA 配对的序列靶位点处剪切双链 DNA，从而实现对基因组序列进行编辑；而通过人工设计这两种 RNA，可以改造形成具有引导作用的 gRNA（guide RNA），足以引导 Cas9 对 DNA 的定点切割。作为一种 RNA 导向的 dsDNA 结合蛋白，Cas9 效应物核酸酶能够共定位 RNA、DNA 和蛋白质，从而拥有巨大的改造潜力。将蛋白质与无核酸酶的 Cas9 融合，并表达适当的 gRNA，即可靶定任何 dsDNA 序列，而 RNA 可连接到 gRNA 的末端，不影响 Cas9 的结合。因此，Cas9 能在任何 dsDNA 序列处带来任何融合蛋白及 RNA，这为生物体的研究和改造带来巨大潜力。CRISPR-Cas9 的技术特点包括：①可实现对靶基因多个位点或多个基因同时敲除；②可对基因进行定点修饰（GFP、RFP、点突、条件性敲除），效率高；③实验周期短，价格低。CRISPR-Cas9 基因敲除系统是 Cas9 内切酶切割双链 DNA，生物体启动 NHEJ 修复途径，切割位点产生移码突变，导致基因沉默。NHEJ 修复途径是一种错误倾向修复机制，用于在缺少修复模板的情况下修复断裂的双链 DNA。该途径主要用于 CRISPR-Cas9 系统介导的基因沉默。主要用于当 DNA 发生断裂时，NHEJ 修复途径被开启，DNA 断裂处插入或缺失几个碱基，然后双链 DNA 的切割末端连接在一起，这个过程极容易导致切割位点发生移码突变，从而沉默该基因。本实训采用 Golden-gate assembly 构建苯丙酮酸脱羧酶（Aro10）敲除载体，并采用同源重组方式引入移码突变，确保目的基因功能丧失，从而解除竞争性途径，如图 4-6 所示。一般说来，在沉默编码基因时，gRNA 应靶向基因的 N 端来确保最大程度的基因破坏。

【实训材料与器材】

酵母菌株 BY4741　*MATα*，*his3Δ1*，*leu2Δ0*，*met15Δ0*，*ura3Δ0*。

质粒载体 pCRCT。

ExTaq DNA 聚合酶，无菌去离子水，1 mol/L 乙酸锂，鲑鱼精 DNA（ssDNA），PEG3350，

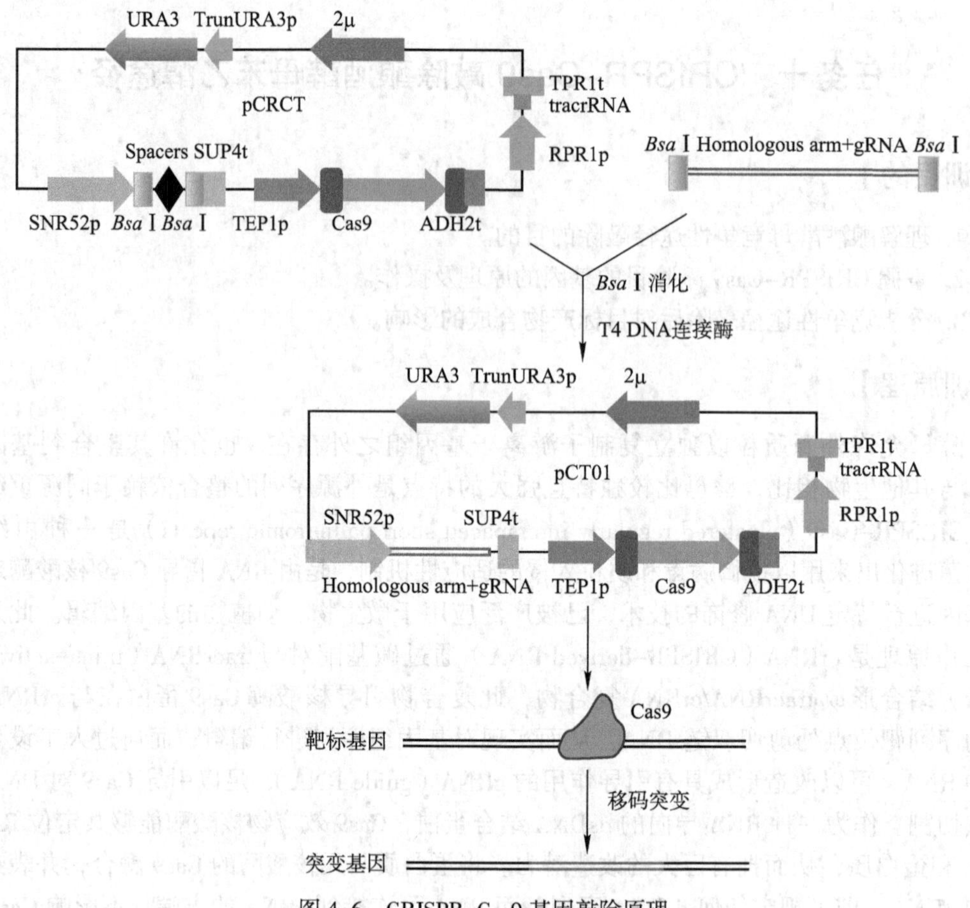

图 4–6　CRISPR–Cas9 基因敲除原理

Tris–HCl（pH8.0）缓冲液，二甲基亚砜（DMSO），20% TritonX 100，25 mmol/L $MgSO_4$。

YPD 液体培养基（g/L）　酵母膏 10 g，蛋白胨 20 g，琼脂 20 g，溶于 900 mL 水中，将其于 121℃灭菌 20 min；同时配制 100 mL 20% 葡萄糖溶液，采用过滤膜过滤灭菌，灭菌完成后将二者混匀。

SC–Leu 固体培养基（600 mL）　YNB（不含氨基酸的酵母氮源）1 g，硫酸铵 3 g，葡萄糖 12 g，CSM–Leu 0.414 g，琼脂 12 g，600 mL 单蒸水，115℃、30 min 高压蒸汽灭菌。

5–氟乳清酸（5–FOA）培养基（600 mL）　6–YNB（不含氨基酸的酵母氮源）1 g，硫酸铵 3 g，5–FOA 0.6 g，ddH_2O 550 mL，121℃灭菌 30 min，冷却后添加 50 mL 24% 过滤灭菌的葡萄糖，终体积为 600 mL，pH6.5。

酵母转化液　50% PEG3350 312 μL，1 mol/L 乙酸锂 41.1 μL，DMSO 48 μL，10 mg/mL 鲑鱼精 DNA 25 μL。

Golden–gate 构建敲除载体混合溶液（GGA）　质粒 pCRCT 1 μL（50 ng）、ddH_2O 5 μL、10× Promega 连接缓冲液 1 μL、500 mmol/L 乙酸钾 1 μL、*Bsa* Ⅰ 0.5 μL、T4 DNA 连接酶 0.5 μL，终体积为 9 μL。

50 ng/μL gRNA　使用时添加 1 μL（在体系中的浓度为 5 ng/μL）。

异丙基硫代 –β–D– 半乳糖苷（IPTG）　100 mmol/L（溶于水中），4℃避光保存，须在

1～2周内使用。

5-溴-4氯-3-吲哚-β-D-半乳糖苷（X-Gal）50 mg/mL（溶于二甲基甲酰胺），-20℃保存。

电转化仪，PCR仪，金属浴，培养箱，水浴锅，摇床，离心机。

【实训操作】

1. 载体的构建

设计gRNA　从酿酒酵母基因组数据库获取Aro10的编码序列，针对该序列设计三种sgRNA，应用Chopchop或其他在线工具分析，以确保gRNA没有预测的脱靶结合位点；合成gRNA，同时在其两端引入*Bsa* Ⅰ限制性内切酶位点及易造成移码突变的靶向同源序列。

构建gRNA-Cas9载体　取两支PCR管，其中一支标记为"连接"，另一个标记为"空质粒"，"连接"管中添加1 μL gRNA，9 μL GGA溶液；阳性对照管中添加质粒PCRCT 1 μL（50 ng）、ddH_2O 8 μL，终体积为9 μL。将上述连接管置于PCR仪中，37℃，1 min，16℃ 1 min，共20个循环；37℃保持15 min；22℃保持备用，连接后用于转化大肠杆菌。

丁醇沉淀　添加490 μL正丁醇至连接混合液，振荡混匀30 s，12 000 r/min，离心10 min，弃上清液，快速旋转10 s，用移液器吸走剩余丁醇（确保不干扰DNA颗粒），放置1 h以上确保干燥，然后于4 μL ddH_2O中再次悬浮，用于转化大肠杆菌。

蓝白斑筛选　重组质粒转化到合适的菌株（大肠杆菌DH5α）中，然后涂布到含0.5 mmol/LIPTG、40 μg/mL X-Gal指示平板上，培养12～16 h后，可根据长出菌体的蓝白色，方便地挑选出基因重组体。白色为具有DNA插入片段的基因重组子；载体pCRCT含*lacZ*基因，由α-互补产生的Lac^+细菌较易识别，它在生色底物X-gal存在下被IPTG诱导形成蓝色菌落，β-半乳糖苷酶将底物X-Gal转化为有颜色的产物；当外源片段插入载体的多克隆位点上后会导致读码框架改变，表达蛋白失活，产生的氨基酸片段失去α-互补能力，因此在同样条件下含重组质粒的转化子在生色诱导培养基上只能形成白色菌落。

质粒提取及鉴定　提取转化子，在含氨苄的LB培养基中培养，提取质粒，可参照前述方法用PCR或测序验证质粒的正确性，所得正确质粒将用于酵母目标基因的敲除；

2. 敲除质粒转化酿酒酵母

上述测序验证的正确质粒用于转化酿酒酵母BY4741，酿酒酵母BY4741感受态制备及转化方法参见本章任务三；然后将转化后的细胞离心、弃上清液，菌体用无菌水重悬，并涂布于SC-URA培养基，培养3～4 d。

3. 转化子的筛选及鉴定

挑选平板上的转化子，一部分用于保存，一部分用于提取质粒及鉴定，方法参见本章任务四及任务五。

4. 质粒丢失

为确保敲除质粒的丢失，将鉴定正确的转化子接种到含有5-氟-乳清酸的培养基中，培养2～3 d，质粒丢失的菌株将能够在该培养基中生长，获得突变株BY4741△*Aro10*。

5. 质粒pRS415-At4CL-PcSTS转化突变株BY4741△*Aro10*

转化方法参见本章任务三，将成功转化的菌株BY4741△*Aro10*-At4CL-PcSTS接种于发酵培养基中，30℃、150 r/min，培养 48 h。

6. 产物检测

样品处理及样品检测，参见本章任务九。

【实训记录与思考】

1. 记录并分析菌株基因型鉴定的结果。
2. CRISPR-Cas9 基因敲除系统的关键要素有哪些？
3. 采用关键基因过表达和旁路途径敲除后，分析目标产物与单独使用有什么区别。

【参考文献】

1. 李春 . 合成生物学 . 北京：化学工业出版社，2020

2. 何伟，徐旭士 . 微生物学模块化实验教程 . 北京：高等教育出版社，2014

3. Mei YZ，Liu RX，Wang DP，et al. Biocatalysis and biotransformation of resveratrol in microorganisms. Biotechnol Lett. 2015，37（1）：9–18

4. Cao MF，Gao MR，Suástegui M，et al. Building microbial factories for the production of aromatic amino acid pathway derivatives：From commodity chemicals to plant-sourced natural products.Metab Eng. 2020，58：94–132

5. Wu M，Gong DC，Yang Q，et al. Activation of naringenin and kaempferol through pathway refactoring in the Endophyte *Phomopsis Liquidambaris*. ACS Synth Biol. 2021，10（8）：2030–3039

6. Huang PW，Yang Q，Zhu YL，et al. The construction of CRISPR-Cas9 system for endophytic *Phomopsis liquidambaris* and its PmkkA-deficient mutant revealing the effect on rice. Fungal Genet Biol. 2020，136：103301

7. Cheng HR，Jiang N. Extremely rapid extraction of DNA from bacteria and yeasts. Biotechnol Lett. 2006，28（1）：55–59

8. Kong D，Li S，Smolke CD. Discovery of a previously unknown biosynthetic capacity of naringenin chalcone synthase by heterologous expression of a tomato gene cluster in yeast. Sci Adv. 2020，6（44）：eabd1143

9. Liu M，Ma F，Wu F，et al. Expression of stilbene synthase VqSTS6 from wild Chinese Vitis quinquangularis in grapevine enhances resveratrol production and powdery mildew resistance. Planta. 2019，250（6）：1997–2007

第五章

白藜芦醇关键酶在大肠杆菌中的表达及其酶法合成

近年来随着大肠杆菌在系统代谢工程中的应用及多种组学技术领域突飞猛进的发展，大肠杆菌已成为药物、材料、能源、化合物等生产的重要平台，合成生物学的发展促进了大肠杆菌代谢途径的重建，通过精确设计基因回路、重构代谢途径等为大肠杆菌提供了新的代谢和生理功能，使其能够生产天然或非天然产物，在青蒿素、紫杉醇等的合成中取得了重要进展。大肠杆菌表达系统具有明显的优越性，其遗传背景清楚（完成基因组全测序），特别是对基因表达调控的分子机理清楚；具有相对安全的基因操作体系，拥有各类适用的宿主菌株和不同类型的载体；部分真核基因可以在大肠杆菌细胞中有效、高水平的表达；培养方便、操作简单、成本低廉，易用于批量生产，在合成生物学研究中功不可没。其不足主要体现在：真核基因在结构上同原核基因之间存在着差别，导致细菌的 RNA 聚合酶可能不识别真核启动子；外源基因可能含有具大肠杆菌转录终止信号功能的核苷酸序列；真核基因 mRNA 的分子结构同细菌有所差异，影响真核基因 mRNA 稳定性；许多真核基因的蛋白质产物都要经过翻译后加工修饰（正确折叠和组装），而大多数的这类修饰作用在细菌细胞中并不存在等。故通常真核基因需要通过适当的处理方能在大肠杆菌中表达。大肠杆菌表达系统的组成包括表达载体、外源基因、表达宿主菌。表达载体通常是小型环状 DNA，能自我复制，包括复制起点、启动子、插入的目的基因、筛选标记以及终止子；具备合适的核糖体识别序列（SD），一般 SD 序列与起始密码子之间间隔 7 ~ 13 bp 翻译效率最高；具有多克隆位点以便目的基因插入适合位置。真核基因往往有内含子，故真核基因一般以 cDNA 的形式在大肠杆菌表达系统中表达。此外还需提供大肠杆菌能识别的且能转录翻译真核基因的元件。大肠杆菌有多种表达宿主可选择，若目标蛋白含有较多稀有密码子可用 Rosetta 系列，补充大肠杆菌缺乏稀有密码子和对应的 tRNA，提高外源基因的表达水平。

在大肠杆菌中合成植物代谢产物或非天然产物是当前设计生物制品细胞工厂的热点之一。本实训的目的是通过在大肠杆菌中表达植物次级代谢产物关键酶，初步理解外源基因或代谢途径在大肠杆菌中的重构及设计原理，为酶法合成及大肠杆菌细胞工厂的设计奠定基础。本实训可初步理解外源基因在大肠杆菌中的表达、纯化及功能分析，有助于培养学生的实践及创新设计能力。

任务一：白藜芦醇表达载体的构建

【实训目的】

1. 掌握体外同源重组法构建大肠杆菌表达载体的原理。
2. 了解大肠杆菌表达载体的特征。
3. 掌握 His 标记在蛋白质表达载体设计中的应用。

【实训原理】

一步法（快速 / 无缝）克隆可以将 PCR 产物定向克隆至任意载体的任意位点，可高效克隆 50 bp ~ 10 kp 片段。将载体在克隆位点进行线性化，并在插入片段 PCR 引物 5′ 端引入线性化克隆载体末端序列，使得插入片段 PCR 产物 5′ 和 3′ 端分别带有和线性化克隆载体两末端对应的完全一致的序列（15 ~ 20 bp）。将这种两端带有载体末端序列的 PCR 产物和线性化克隆载体按一定比例混合，在重组酶 Exnase 的催化下仅需反应 30 min 即可进行转化，完成定向克隆，其原理如图 5–1 所示。

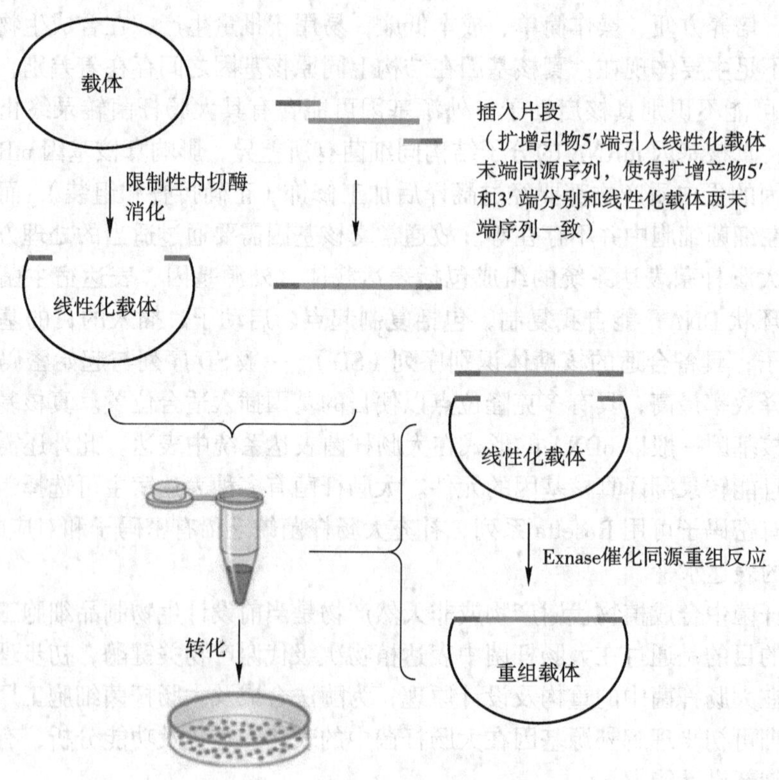

图 5–1　一步法构建大肠杆菌表达载体

【实训材料与器材】

大肠杆菌 DH5α，pET–30a 质粒。

切酶 QuickCut™ *Sal* Ⅰ，2 × pHanta Max Master Mix PCR，无缝克隆试剂盒（ClonExpress II One Step Cloning Kit），所用引物如表 5–1 所示。

表 5–1　载体构建所用引物

引物名称	序列
pET–30a–STS–F	CGAGTGCGGCCGCAAGCTTGaatgatgggcacacttcgta
pET–30a–STS–R	CCGAATTCGAGCTCCGTCGAatggcagcttcaactgaaga
pET–30a–At4CL–F	CGAGTGCGGCCGCAAGCTTGcaatccatttgctagttttg
pET–30a–At4CL–R	CCGAATTCGAGCTCCGTCGAatggcgccacaagaacaagc
pET–30a–4CL–STS–F	tcttcagttgaagctgccatcaatccatttgctagttttg
pET–30a–4CL–STS–R	atggcagcttcaactgaaga

PCR 仪，成像仪，恒温培养箱，控温摇床，金属浴，电转化仪。

【实训操作】

1. 按表 5–2 所示体系，将 pET–30a 质粒进行酶切，37℃孵育 2 h，酶切后进行胶回收。

表 5–2　pET–30a 酶切体系

名称	体积 /μL
pET–30a 质粒	30
Sal Ⅰ酶	2
10 × 酶切缓冲液	4
ddH_2O	4
总体积	40

2. 参照第四章 4CL 片段及 STS 片段的扩增体系及条件，获得 4CL 及 STS 片段。其中，引物 pET–30a–STS–F 和 pET–30a–STS–R 用于扩增 STS，引物 pET–30a–At4CL–F 和 pET–30a–At4CL–R 用于扩增 4CL（图 5–2、图 5–3）；而 pET–30a–STS–F 和 pET–30a–4CL–STS–R，以及 pET–30a–4CL–STS–F 和 pET–30a–At4CL–R 为引物扩增的片段为构建 At4CL 和 PcSTS 融合表达载体的片段（图 5–4）。

3. 按照无缝克隆试剂盒操作说明将 PET–30a 质粒线性片段分别与 4CL（或 STS 片段）、重组缓冲液、重组酶按照表 5–3，添加于 1.5 mL 离心管中，混匀，然后置于 37℃

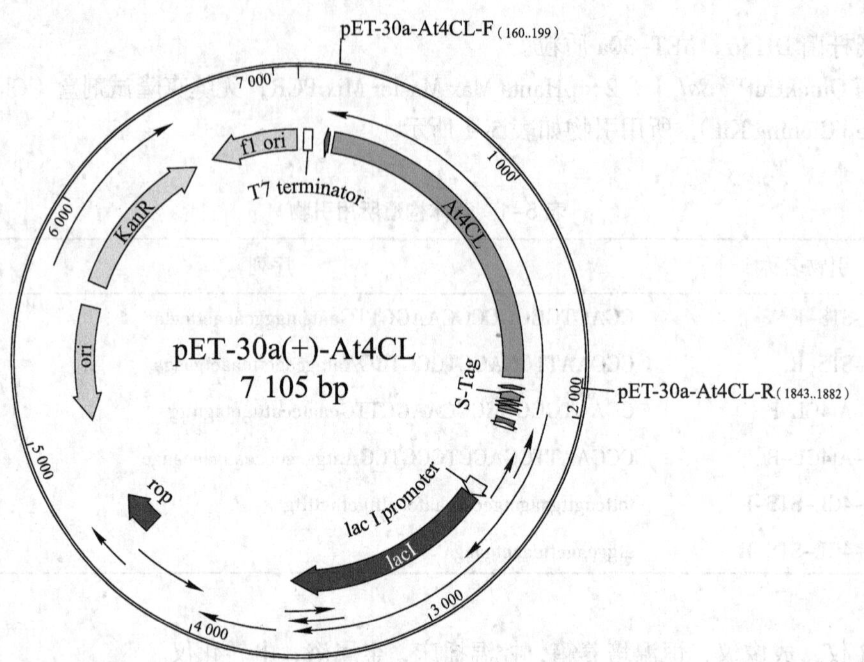

图 5-2　pET-30a-At4CL 载体图谱

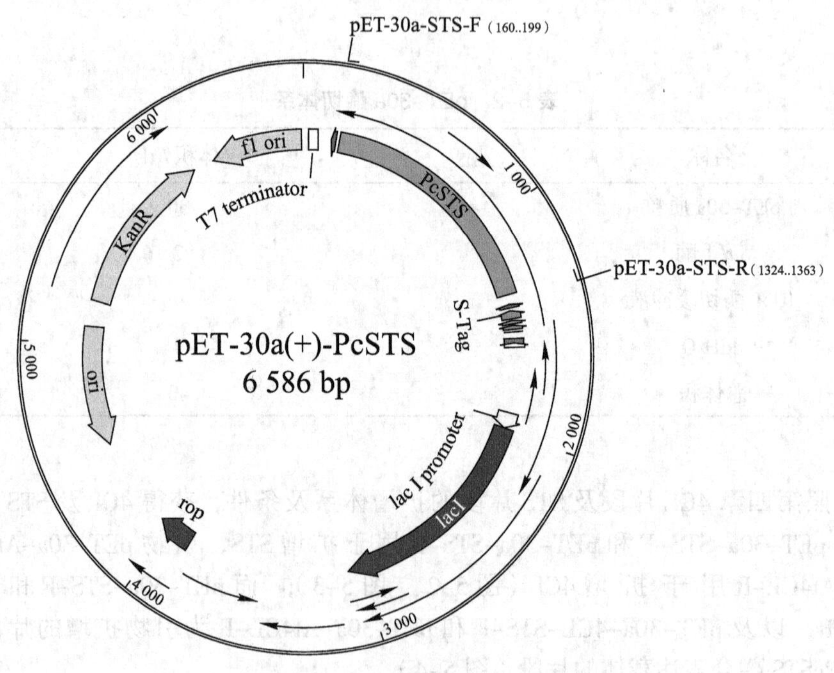

图 5-3　pET-30a-PcSTS 载体图谱

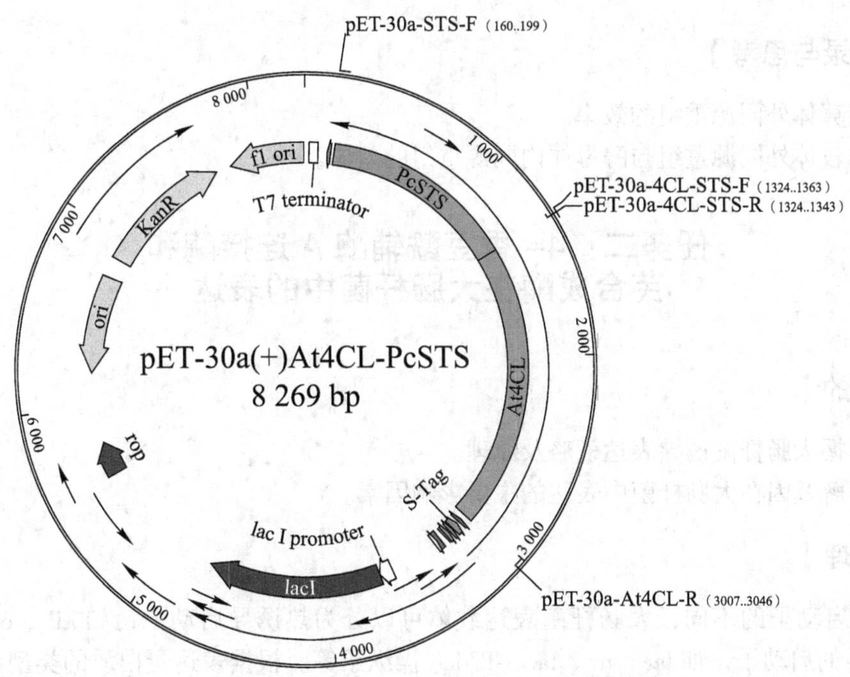

图 5–4　pET–30a–At4CL–PcSTS 载体图谱

培养箱中孵育 0.5 h，孵育完后放于冰上，分别构建载体 pET–30(+)At4CL、pET–30(+)–PcSTS，如图 5–2、图 5–3 所示。若构建载体 pET–30(+)At4CL–PcSTS，则采用正向引物 pET–30a–STS–F 和反向引物 pET–30a–4CL–STS–R 扩增 PcSTS 片段，正向引物 pET–30a–4CL–STS–F 及反向引物 pET–30a–At4CL–R 扩增 At4CL 片段，在表 5–3 载体构建体系中同时加入 4CL 片段及 STS 片段各 100 ng，载体图如 5–4 所示。

表 5–3　载体构建体系

名称	用量
pET–30a 质粒线性片段	100 ng
4CL 片段（或 STS 片段）	100 ng
5× 重组缓冲液	4 μL
重组酶 Exnase Ⅱ	1 μL
总体积	20 μL

4. 将上述重组反应产物转化大肠杆菌 DH5α，转化方法参照第四章，培养 12 h 后挑取阳性转化子。

5. 将阳性转化子接种到 3 mL 新鲜的 LB 培养基（含卡那霉素抗性）培养 12 h 后提取质粒，PCR 检测及测序，鉴定质粒的正确性。

【实训记录与思考】

1. 计算体外同源重组的效率。
2. 比较体外同源重组与酵母体内同源重组的差异。

任务二：4-香豆酰辅酶A连接酶和芪合成酶在大肠杆菌中的表达

【实训目的】

1. 掌握大肠杆菌诱导表达策略及原理。
2. 了解基因在大肠杆菌中表达的主要影响因素。

【实训原理】

根据启动子的不同，大肠杆菌表达载体可以分为热诱导启动子，如 λP_L、cspA 等和 IPTG 诱导的启动子，如 lac、trc、tac、T7/lac 操纵子等。根据表达蛋白质的类型可分为单纯表达载体和融合表达载体。融合表达是在目标蛋白的 N 端或 C 端添加特殊的序列，以提高蛋白质的可溶性，促进蛋白质的正确折叠，实现目的蛋白的快速亲和纯化，或者实现目标蛋白的表达定位。常用于亲和纯化融合标签包括 Poly-Arg、Poly-His、Strep-Tag Ⅱ、S-tag、MBP 等。其中 His-Tag 和 GST-Tag 是目前使用最多的。His-Tag 大多数是连续的 6 个 His 融合于目标蛋白的 N 端或 C 端，通过 His 与金属离子：$Cu^{2+}>Fe^{2+}>Zn^{2+}>Ni^{2+}$ 的螯合作用而实现亲和纯化，其中 Ni^{2+} 是目前使用最广泛的。His 标签具有较小的分子量，融合于目标蛋白的 N 端和 C 端不影响目标蛋白的活性，因此纯化过程中大多不需要去除。

由于 pET-30a 载体上存在 lac 操纵子，当体系中没有乳糖存在时，lac 操纵子处于阻遏状态；当有乳糖存在时，lac 操纵子即可被诱导。其原理是乳糖进入细胞，被半乳糖苷酶催化，转化为半乳糖，与阻遏蛋白结合，导致阻遏蛋白与靶向序列解离，发生转录。IPTG 为常用的诱导剂，性质稳定，因此被实验室广泛应用。

pET-30a（+）是一种常用的融合蛋白类型原核高效表达载体，含有卡那霉素抗性基因，其表达由宿主细胞提供的 T7 RNA 聚合酶诱导。

【实训材料与器材】

0.1 mol/L IPTG，液体 LB，卡那霉素，大肠杆菌 Rossetta，2× 蛋白质上样缓冲液［100 mmol/L Tris-HCl（pH 6.8），5% SDS，20% 甘油，40 mmol/L DTT，0.2% 溴酚蓝］，50% 甘油，2×Taq Plus Master Mix（Dye Plus），乙酸乙酯，甲醇。

M9 培养基（1 L） 200 mL 5×M9 盐溶液，2 mL 1 mol/L $MgSO_4$，20 mL 20% 葡萄糖溶液，0.1 mL 1 mol/L $CaCl_2$。

5×M9 盐溶液 $Na_2HPO_4 \cdot 7H_2O$ 12.8 g，KH_2PO_4 3.0 g，NaCl 0.5 g，NH_4Cl 1.0 g。加入双蒸水 200 mL，121℃灭菌 15 min。

引物 pET-30a-check/F GCCCCAAGGGGTTATGCTAG

引物 pET-30a-check/R　TAATACGACTCACTATAGG

分光光度计，超声波细胞破碎仪，高效液相色谱仪。

【实训操作】

1. 将构建的质粒 pET-30a-At4CL、pET-30a-PcSTS，以及 pET-30a-At4CL-PcSTS 分别转化大肠杆菌 Rossetta，转化方法参考第四章大肠杆菌转化方法。

2. 挑取转化后的单菌落，进行 PCR 检测，检测引物为 pET-30a 通用引物 pET-30a-check/F 与 pET-30a-check/R。PCR 反应体系及条件参考表 4-4，分别更换本任务中的引物及载体。

3. 将鉴定为阳性的菌落扩大培养，一部分用 50% 甘油调至终浓度为 25% 进行冻存，另一部分按照 1∶100 的比例接种到含有卡那霉素的液体 LB 培养基中，37℃、200 r/min 培养至 A_{600} 为 0.6 ~ 0.8。

4. 当细胞 A_{600} 为 0.6 ~ 0.8 时，加入终浓度为 0.1 mmol/L 的 IPTG，25 ℃、200 r/min，培养 5 h。

5. 5 000 *g* 离心 5 min，取两个 50 mL 灭菌的锥形瓶，分别加入 10 mL M9 培养基，一瓶重悬 pET-30a-At4CL 和 pET-30a-PcSTS 菌体；另一瓶重悬 pET-30a-At4CL-PcSTS 菌体，在每瓶中加入 1 mmol/L 对香豆酸、0.1 mmol/L 丙二酰辅酶 A、0.1 mmol/L IPTG，50 mg/L 卡那霉素，25℃反应 60 h。

6. 从诱导培养的菌液中取菌液 4 mL，4℃、10 000 r/min，离心 10 min；离心后菌体用磷酸盐缓冲液（pH 7.5）将其重悬，并置于冰上，用细胞破碎仪进行超声破碎，破碎条件为 200 ~ 300 W，每次超声处理 10 s，每次间隔 10 s，共超声处理 6 次；将液体旋蒸干后，用等体积的乙酸乙酯萃取 3 次，并蒸干。

7. 最后用 1 mL 甲醇溶解，用 0.22 μm 滤膜过滤后进行 HPLC 检测，检测方法参见第四章任务九。

【实训记录与思考】

IPGT 诱导表达目标蛋白的主要影响因素有哪些？

任务三：SDS-PAGE 检测 4- 香豆酰辅酶 A 连接酶和芪合成酶的表达

【实训目的】

1. 掌握 SDS- 聚丙烯酰胺凝胶电泳法的技术原理。

2. 学习 SDS-PAGE 测定蛋白质分子量的原理和基本操作技术。

【实训原理】

蛋白质是两性电解质，在一定的 pH 条件下解离而带电荷。当溶液的 pH 大于蛋白质的等电点（pI）时，蛋白质本身带负电，在电场中将向正极移动；当溶液的 pH 小于蛋白质的等电点时，蛋白质带正电，在电场中将向负极移动；蛋白质在特定电场中移动的速率取决于其本身所带净电荷的多少、蛋白质颗粒的大小和分子形状、电场强度等。

聚丙烯酰胺凝胶是由一定量的丙烯酰胺和双丙烯酰胺聚合而成的三维网状孔结构。本实训采用不连续凝胶系统，调整双丙烯酰胺用量的多少，可制成不同孔径的两层凝胶；这样当含有不同分子量的蛋白质溶液通过这两层凝胶时，受阻滞的程度不同而表现出不同的迁移率。由于上层胶的孔径较大，不同大小的蛋白质分子在通过大孔胶时，受到的阻滞基本相同，因此以相同的速率移动；当进入小孔胶时，分子量大的蛋白质移动速率减慢，因而在两层凝胶的界面处，样品被压缩成很窄的区带。这就是常说的浓缩效应和分子筛效应。同时，在制备上层胶（浓缩胶）和下层胶（分离胶）时，采用两种缓冲体系：上层胶 pH 6.7 ~ 6.8，下层胶 pH 8.9。Tris-HCl 缓冲液中的 Tris 用于维持溶液的电中性及 pH，是缓冲配对离子；Cl^- 是前导离子。在 pH 6.8 时，缓冲液中的 Gly^- 为尾随离子，而在 pH 8.9 时，Gly 的解离度增加。这样浓缩胶和分离胶之间 pH 的不连续性控制了慢离子的解离度，进而达到控制其有效迁移率之目的。不同蛋白质具有不同的等电点，在进入分离胶后，各种蛋白质由于所带的静电荷不同而有不同的迁移率。由于在聚丙烯酰胺凝胶电泳中存在的浓缩效应、分子筛效应及电荷效应，使不同的蛋白质在同一电场中达到有效的分离。如果在聚丙烯酰胺凝胶中加入一定浓度的十二烷基硫酸钠（SDS），由于 SDS 带有大量的负电荷，且这种阴离子表面活性剂能使蛋白质变性，特别是在强还原剂如巯基乙醇存在下蛋白质分子内的二硫键被还原，肽链完全伸展，使蛋白质分子与 SDS 充分结合，形成带负电性的蛋白质 -SDS 复合物；此时，蛋白质分子上所带的负电荷量远远超过蛋白质分子原有的电荷量，掩盖了不同蛋白质间所带电荷上的差异。蛋白质分子量愈小，在电场中移动得愈快；反之，愈慢。实验证明，当分子量在（15 ~ 200）$\times 10^3$ 时，蛋白质的迁移率和分子量的对数呈线性关系，符合下式：$\log MW=K-bX$，式中，MW 为分子量，X 为迁移率，k、b 均为常数。若将已知分子量的标准蛋白质的迁移率对分子量对数作图，可获得一条标准曲线，未知蛋白质在相同条件下进行电泳，根据它的电泳迁移率即可在标准曲线上求得分子量。SDS- 聚丙烯酰胺凝胶电泳（SDS-PAGE）法测定蛋白质的分子量具有简便、快速、重复性好的优点，是目前一般实验室常用的测定蛋白质分子量的方法。

【实训材料与器材】

SDS-PAGE 变性丙烯酰胺凝胶快速制备试剂盒，蛋白质上样缓冲液，考马斯亮蓝 R250，脱色液（10% 乙酸，5% 乙醇溶液），四甲基乙二胺（TEMED）与过硫酸铵（AP），考马斯亮蓝溶液（25 mL 乙醇，0.15 g 考马斯亮蓝 R250，10 mL 乙酸，65 mL 水），10 × 蛋白质缓冲液（125 mmol/L Tris，1.25 mmol/L 甘氨酸，0.5% SDS），

10 × SDS-PAGE 电泳缓冲液　30.2 g Tris，188.0 g 甘氨酸，10.0 g SDS，800 mL 蒸馏水溶解，定容至 1 000 ml。

电泳仪，水平摇床，垂直电泳槽。

【实训操作】

1. 准备

电泳仪玻璃板用双蒸水洗净，戴上手套再用无水酒精擦拭玻璃板、梳子等并晾干，按

说明安装好电泳装置。

2. 根据所表达的蛋白质分子量大小，配制 12.5% 分离胶和 5% 浓缩胶，选择如下：

（1）12.5% 分离胶灌制　取一洁净的 20 mL 烧杯，分别加入：

ddH_2O	4 mL
30% 储备胶	5 mL
4×分离胶缓冲液	3 mL
10% 过硫酸铵	0.1 mL
100%TEMED	0.01 mL

轻轻旋转混匀溶液，用 5 mL 移液器灌入玻璃板间，以水封顶，使液面平整。

（2）5%浓缩胶灌制　取一洁净的 20 mL 烧杯，分别加入：

ddH_2O	2.65 mL
30% 储备胶	0.85 mL
4×浓缩胶缓冲液	1.25 mL
10% 过硫酸铵	50 μL
100% TEMED	5 μL

待分离胶凝聚后，再配制 5% 浓缩胶，将分离胶上的水倒去，灌入浓缩胶，立即将梳子插入玻璃板间，待积层胶聚合后，拔出梳子，用蒸馏水冲洗凝胶顶部。

3. 上样与电泳

将凝胶玻璃板置于电泳槽中，将事先准备好的 10×SDS-PAGE 电泳缓冲液，用蒸馏水稀释 10 倍后加入到电泳所需的槽中，将蛋白质样品 5 μL 加入到样品孔中，加样完毕后使样品端与阴极连通，另一端与阳极相连。根据本实训所用样品蛋白质大小等各项特性，分离胶选用 100 V 固定直流电压，积层胶选用 60 V 固定直流电压，当样品中溴芬蓝色带快接近凝胶底部时结束电泳，约 3 h。

4. 染色及脱色

电泳结束后用考马斯亮蓝染液浸泡，放摇床上室温缓慢旋转 1 ~ 2 h，回收染液，用脱色液浸泡凝胶，放摇床上室温缓慢摇动脱色，每 2 h 换一次脱色液，直至脱色完全后拍照保存。

【实训记录与思考】

1. 过硫酸铵、7% 乙酸和考马斯亮蓝各有什么作用?
2. 上样缓冲液中加入甘油的作用是什么?
3. 分析所获得的蛋白质与预期蛋白质是否一致。

任务四：亲和层析纯化 4- 香豆酰辅酶 A 连接酶和芪合成酶

【实训目的】

1. 掌握金属离子亲和层析的原理。
2. 学习利用镍离子螯合树脂亲和纯化带有多聚组氨酸标签（His-Tag）的重组蛋白。

【实训原理】

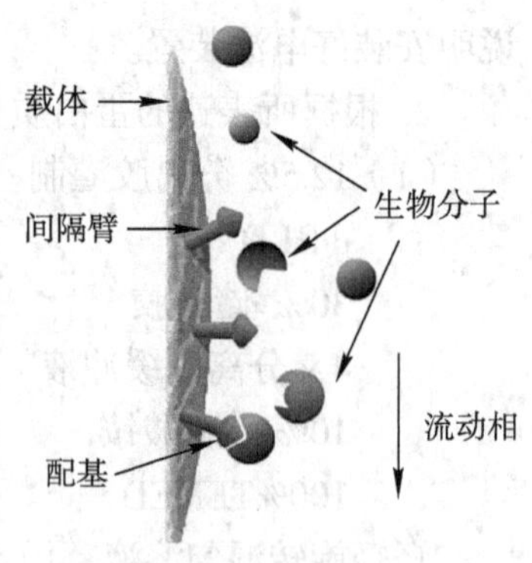

图 5-5 亲和层析原理

亲和层析（affinity chromatography，AC）是一种简单易操作的生物大分子分离纯化的重要方法之一，它的基本原理是将与待分离纯化的目标产物具有亲和力的亲和配体固定在载体上，利用目标产物与亲和配体之间的特异性亲和力，使得亲和配体选择性地结合目标产物，从而达到分离纯化的目的，如图 5-5 所示。亲和层析的类型主要有生物亲和层析、免疫亲和层析、固定化金属离子亲和层析、拟生物亲和层析以及特殊基团亲和层析等。本实训主要采用固定化金属离子亲和层析（immobilized metal ion affinity chromatography，IMAC），简称金属螯合亲和层析。该方法通过蛋白质表面的一些特殊氨基酸，使之与金属离子发生相互作用，从而对蛋白质进行亲和纯化。这些作用包括配价键结合、静电吸附、共价键结合等，其中以 6 个组氨酸残基组合的融合标签（His-Tag）在原核蛋白质表达中的应用最为广泛。His-Tag 作为蛋白质纯化时的首选标签，其优势在于：N 端的 His-Tag 与细菌的转录翻译机制兼容，有利于蛋白质表达，操作更加简便，His-Tag 对目标蛋白本身特性几乎没有影响，不会改变目标蛋白本身的可溶性和生物学功能，可应用于多种表达系统。

His-Tag 可与多种金属离子发生特殊的相互作用，如 Ca^{2+}、Mg^{2+}、Ni^{2+}、Cu^{2+}、Fe^{3+} 等，其中 Ni^{2+} 在亲和纯化实验中的使用最为广泛。根据结合基团的不同，Ni^{2+} 亲和层析柱可分为两类：Ni-IDA 和 Ni-NTA。Ni^{2+} 有 6 个螯合价位，其中 Ni-IDA 螯合了三价，Ni-NTA 螯合了四价。所以 IDA 的载量要比 NTA 高，在同样条件下 Ni-IDA 洗脱时的咪唑浓度也高于 Ni-NTA。但其弱的结合力使金属离子在洗脱阶段很容易浸出，与目标蛋白紧密结合，从而导致分离蛋白产量偏低、产品不纯及金属离子污染等问题。而 NTA 的颗粒粒度均匀、粒径更小，并且螯合镍更稳定，能耐受较高的还原剂，使填料更加稳定，镍离子不易脱落，对目标蛋白的生物活性影响较小，因此被广泛用于重组蛋白的制备及纯化。

亲和层析主要包括四个步骤：制备亲和层析柱、样品裂解液与亲和层析柱结合、洗脱及再生。亲和层析因具有操作简单、吸附量大、选择性高、分离条件温和、通用性强等优点，被广泛应用于生物大分子的纯化，如蛋白质、酶、抗体、抗原、DNA、RNA、病毒、细胞等生物大分子的纯化。

【实训材料与器材】

可溶性蛋白平衡缓冲液　300 mmol/L NaCl，50 mmol/L NaH_2PO_4，10 mmol/L 咪唑，10 mmol/L Tris-Cl（pH 8.0）。

包含体蛋白平衡缓冲液　8 mol/L Urea，100 mmol/L NaCl，100 mmol/L NaH_2PO_4，10 mmol/L Tris-Cl（pH 8.0）。

可溶性蛋白洗脱液　300 mmol/L NaCl，50 mmol/L NaH_2PO_4，10 mmol/L Tris-Cl（含 50/100/200/300 mmol/L 咪唑）。

包含体蛋白洗脱液　8 mol/L Urea，100 mmol/L NaCl，100 mmol/L NaH_2PO_4，10 mmol/L

Tris–Cl（pH 8.0）（含 50/100/200/300 mmol/L 咪唑）。

2 × SDS–PAGE 上样缓冲液　100 mmol/L Tris–HCl（pH 6.8），200 mmol/L 二硫苏糖醇（DTT），4% SDS，0.2% 溴酚蓝，20% 甘油。

Ni^{2+} 亲和层析柱（3 mL），Ni–NTA Resin、蛋白酶抑制剂 0.1 mol/L 苯甲基磺酰氟（PMSF）、层析柱。

【实训操作】

1. 将鉴定为阳性的菌落扩大培养，按照 1∶100 的比例接种到含有卡那霉素的液体 LB 培养基中，37℃、200 r/min 培养至 A_{600} 为 0.6 ~ 0.8。

2. 当细胞 A_{600} 为 0.6 ~ 0.8 时，加入终浓度为 0.1 mmol/L 的 IPTG，25 ℃、200 r/min，培养 5 h。

3. 将诱导好的蛋白质，4℃、8 000 r/min，离心 10 min。弃其上清液，保留沉淀。

4. 可溶性蛋白　按照每克大肠杆菌沉淀湿重加入可溶性蛋白平衡缓冲液 4 mL（2 ~ 5 mL 均可），充分重悬菌体，如有必要，可以在裂解细菌之前，在裂解液中添加适量的蛋白酶抑制剂混合物；包涵体蛋白：按照 1 L 加入 80 mL 包涵体蛋白平衡缓冲液的比例对沉淀蛋白进行重悬，添加适量的蛋白酶抑制剂后充分重悬菌体（通常 10 mL 蛋白平衡缓冲液中加 100 μL 蛋白酶抑制剂 0.1 mol/L 苯甲基磺酰氟）。

5. 在分离的可溶性蛋白溶液中加入溶菌酶至终浓度为 1 mg/mL，冰水浴或冰上放置 30 min；包涵体蛋白无需添加溶菌酶，用包涵体平衡缓冲液重悬后可直接进行细胞破碎。

6. 超声裂解细菌，可溶性蛋白超声细胞破碎仪的程序选择为超声功率 200 ~ 300 W，每次超声处理 10 s，每次间隔 10 s，共超声处理 6 次；包涵体蛋白超声破碎仪的程序选择为超声功率 200 ~ 300 W，每次超声处理 2 s，每次间隔 2 s，超声处理 30 min。如果超声处理后裂解液非常黏稠，可以加入 RNase A 至 10 μg/mL 及 DNase I 至 5 μg/mL，冰上放置 10 ~ 15 min。

7. 4℃、10 000 *g*，离心 20 ~ 30 min，收集细菌裂解液上清并置于冰上，可以取 20 μL 上清液留作后续检测用

注意：上清液必须保持澄清，即不含任何不溶物，才能进行下一步的纯化，上清液中如果混有不溶性杂质会严重影响后续纯化获得蛋白质的纯度。

8. 平衡　取 1 mL 混合均匀的 50% Ni–NTA Resin，4℃、1 000 *g* 离心 10 s，弃去储存液，向凝胶中加入 0.5 mL 蛋白平衡缓冲液混匀以平衡凝胶，4℃、1 000 *g* 离心 10 s，弃去液体，再重复平衡 1 ~ 2 次，弃去液体。取 1 mL 混合均匀的 Ni–NTA Resin 装柱，然后用 5 ~ 10 倍平衡缓冲液平衡 2 ~ 3 次；将约 4 mL 细菌裂解液上清液加入其中，4℃在侧摆摇床或水平摇床上缓慢摇动 60 min，以将 Ni–NTA Resin 与细菌裂解液中的蛋白质充分结合。

9. 上样　在层析柱中加入细菌裂解液与 Ni–NTA Resin 混合液，将纯化柱底部的盖子打开，流出的液体收集后重复上柱 3 ~ 5 次以充分结合目标蛋白。

10. 洗脱　用 5 ~ 10 倍含有不同浓度（50 ~ 300 mmol/L）的咪唑蛋白洗脱液进行蛋白质洗脱，每次用 0.5 mL，洗脱 4 次。通过分光光度计 280 nm 处的吸光度值来确定最适洗脱的咪唑浓度；或者通过 SDS–PAGE 电泳来确定最适洗脱浓度。

11. 每次均收集约 20 μL 蛋白洗脱液用于后续的分析检测。可用 Bradford 法检测洗脱

液中的蛋白质含量，从而考虑增加或减少洗涤和洗脱的次数。

12. 将收集的样品加入等体积的 2×SDS-PAGE 上样缓冲液中，85℃孵育 5 min，SDS-PAGE 电泳分析蛋白纯化情况。

13. 测定所纯化的蛋白质浓度。

【实训记录与思考】

1. 亲和层析纯化蛋白的一般步骤是什么？
2. 为什么采用低浓度的咪唑缓冲液上样，而用高浓度的咪唑缓冲液洗脱目标蛋白？

任务五：酶法转化对-香豆酸生成白藜芦醇

【实训目的】

1. 了解生物酶催化的过程。
2. 了解影响酶催化反应的主要影响因素。

【实训原理】

关于酶的催化作用机理被普遍接受的是 Koshland 提出的诱导契合学说（解释酶的专一性）和共价催化与酸碱催化（解释酶的高效率）。与酶的高效率有关的因素包括以下方面：①底物与酶的“靠近”（proximity）及“定向”（orientation），由于化学反应速率与反应物浓度成正比，若在反应系统的某一局部区域底物浓度增高，则反应速率也随之增高。提高酶反应速率的最主要方法是使底物分子进入酶的活性中心区域，亦即大大提高活性中心区域的底物有效浓度。但是仅仅“靠近”还不够，还需要使反应的基团在反应中彼此相互严格地“定向”，只有既“靠近”又“定向”，反应物分子才被作用，迅速形成过渡态。当底物未与酶结合时，活性中心的催化基团还未能与底物十分靠近，但由于酶活性中心的结构有一种可适应性，即当专一性底物与活性中心结合时，酶蛋白会发生一定的构象变化，使反应所需要酶中的催化基团与结合基团正确地排列并定位，以便能与底物契合，这就是诱导契合理论。②酶使底物分子中的敏感键发生“变形”（域张力），从而促使底物中的敏感键更易于破裂。不仅酶构象受底物作用而变化，底物分子常常也受酶作用而变化。酶中的某些基团或离子可以使底物分子内敏感键中的某些基团的电子云密度增高或降低，产生“电子张力”，使敏感键的一端更加敏感，更易于发生反应。③共价催化（covalent catalysis），还有一些酶以另一种共价催化的方式来提高催化反应的速度。这种方式是底物与酶形成一个反应活性很高的共价中间物，此中间物很容易变成过渡态，因此反应的活化能大大降低，底物可以越过较低的“能阈”而形成产物。④酸碱催化剂是催化有机反应的最普遍、最有效的催化剂。有两种酸碱催化剂，一是狭义的酸碱催化剂（specific acid-base catalyst），即 H^+ 与 OH^-，由于酶反应的最适 pH 一般接近于中性，因此 H^+ 及 OH^- 的催化在酶反应中的重要性是比较有限的。另一种是广义的酸碱催化剂（general acid-base catalyst），指的是质子供体及质子受体的催化，它们在酶反应中的重要性大得多，发生在细胞内的许多种类型的有机反应都是受广义的酸碱催化的，例如将水加到羰基上、羧酸酯及磷酸酯的水解、从双键上脱水、各种分子重排以及许多取代反应等。

【实训材料与器材】

纯化的At4CL蛋白溶液（100 μg/mL），纯化的PcSTS蛋白溶液（100 μg/mL），400 μmol/L p-香豆酸，400 μmol/L CoA，4 mmol/L三磷酸腺苷二钠，5 mmol/L $MgCL_2$，C18 SPE柱。

高效液相色谱仪，离心机，水浴锅。

【实训操作】

1. 体外转化体系组成　At4CL、PcSTS蛋白溶液各300 μL，160 μmol/L丙二酰辅酶A，160 μmol/L对香豆酸，400 μmol/L CoA，4 mmol/L ATP · Na_2，5 mmol/L $MgCl_2$，再用0.1 mol/L磷酸缓冲液（pH 7.2）补齐至1 mL，30℃，转化4 h。
2. 反应结束后，在反应体系中加入乙酸至终浓度为5%，终止酶促反应5 min。
3. 再加入1 mL乙酸乙酯充分混匀，萃取目标产物。
4. 10 000 r/min，10 min，将上部液体转入干净的1.5 mL离心管中，蒸发浓缩。
5. 将浓缩所得固体样品用1 mL甲醇溶解，即为待检测样品。
6. 参考第四章，样品预处理后，采用HPLC检测白藜芦醇。

【实训记录与思考】

1. 酶催化的主要控制条件有哪些？
2. 计算At4CL、PcSTS催化底物生成产物的转化率。
3. 分析白藜芦醇合成关键酶在大肠杆菌体内合成与体外转化有何不同。

【参考文献】

1. 萨姆布鲁克，格林 . 分子克隆实验指南 . 4版 . 贺福初，主译 . 北京：科学出版社，2017

2. 欧阳平凯，胡永红，姚忠 . 生物分离原理及技术 . 北京：化学工业出版社，2019

3. 李春 . 合成生物学 . 北京：化学工业出版社，2020

4. Mei YZ，Liu RX，Wang DP，et al. Biocatalysis and biotransformation of resveratrol in microorganisms. Biotechnol Lett. 2015，37（1）：9–18

5. Zhao Y，Wu BH，Liu ZN，et al. Combinatorial optimization of resveratrol production in engineered *E. coli*. J Agric Food Chem. 2018，66（51）：13444–13453

6. Wu J，Zhou P，Zhang X，Dong M. Efficient *de novo* synthesis of resveratrol by metabolically engineered *Escherichia coli*. J Ind Microbiol Biotechnol. 2017，44（7）：1083–1095

附　录

附录 1：啤酒生产实训安全制度

1. 每个工序操作完成后，除需要开启的设备阀门外，其余阀门必须全部关闭，避免误操作。

2. 容器压力不得超过规定的工作压力。蒸汽发生器使用时不得断水，以防发生危险。

3. 机电设备以及电器元件严禁被水冲刷。

4. 发酵罐系统必须注意经常检查，罐内压力严禁超过 0.14 MPa。

5. 使用酒精和使用氧气瓶补氧时，严禁明火操作。氧气瓶使用完毕后，必须关紧阀门。

6. 实训操作时必须穿戴防腐服，并戴胶手套。

7. 非专业维修人员请勿随意打开电控柜，不得随意拆装制冷机，不得随意拆装控制系统以及所涉及的执行系统。

8. 定时排放储水罐中的水，发酵罐不得全载生产，必须保持一个为空罐；禁止在实训间大声喧哗，所有物品轻拿轻放。

9. 生产结束后，应切断所有生产设备的电源、水源。

10. 必须注意保持下水道通畅，实训结束后及时打扫，保持实训场地的清洁卫生。

附录 2：啤酒生产实训记录表

附表 2-1　批生产指令单

<table>
<tr><td colspan="2">编号：</td><td colspan="2">年　月　日</td></tr>
<tr><td colspan="2">产品名称：</td><td colspan="2">规格：</td></tr>
<tr><td>批号：</td><td colspan="2">批产量：</td><td>剂型：</td></tr>
<tr><td>物料名称</td><td>检验单号</td><td>计划用量</td><td>实发量</td></tr>
<tr><td>大麦</td><td></td><td></td><td></td></tr>
<tr><td>苦酒花</td><td></td><td></td><td></td></tr>
<tr><td>香酒花</td><td></td><td></td><td></td></tr>
<tr><td>啤酒干酵母</td><td></td><td></td><td></td></tr>
<tr><td></td><td></td><td></td><td></td></tr>
<tr><td></td><td></td><td></td><td></td></tr>
<tr><td></td><td></td><td></td><td></td></tr>
<tr><td></td><td></td><td></td><td></td></tr>
<tr><td colspan="4">备注：</td></tr>
</table>

指令指定人（生产负责人）：　　QA 审核：　　生产部负责人：
质保部负责人：　　领料员：　　发料员：

附表 2-2　原材料检验报告单

<table>
<tr><td>品名：</td><td colspan="2"></td><td>数量：</td><td colspan="2">规格：</td></tr>
<tr><td colspan="2">生产厂家：</td><td colspan="2">生产日期：</td><td colspan="2">执行标准：</td></tr>
<tr><td>检验任务</td><td>外观质量</td><td>技术指标</td><td>检验方法（目测、称重、技术方法）</td><td>检验结果（合格、不合格、部分合格）</td><td>结论（接收、退货）</td></tr>
<tr><td></td><td></td><td></td><td></td><td></td><td></td></tr>
<tr><td></td><td></td><td></td><td></td><td></td><td></td></tr>
<tr><td></td><td></td><td></td><td></td><td></td><td></td></tr>
<tr><td></td><td></td><td></td><td></td><td></td><td></td></tr>
<tr><td></td><td></td><td></td><td></td><td></td><td></td></tr>
<tr><td colspan="4">本批结论：</td><td colspan="2">检验员：</td></tr>
</table>

序号：　　　　年　月　日

附表 2-3　粉碎工序记录

批生产指令单编号：

产品名称		批号	
生产场所		生产日期	年　月　日

操作任务要点	操作确认
1. 操作间的环境、设备、容器具应清洁，无上批产品遗留物	
2. 生产前应有上一批的清场合格证	
3. 复核来料品名、数量、批号、合格证，检查外观等应符合要求	
4. 核实设备状态牌，应处于完好状态	
5. 按设备使用说明书进行操作	
6. 按设备清洁要求清洁设备、场地	

环境监测		设备运行情况		
温度	湿度	设备名称	编号	工况
		辊式粉碎机		
		粉碎机		

确认人：

操作记录

操作步骤	操作内容	QA 确认
配料	1. 投料大麦质量　　kg	
	2. 粉碎前，提前 5 ~ 10 min 润水	
	3. 称湿润大麦质量　　kg	
	4. 粉碎后质量　　kg	

操作人：　　　　复核人：

物料平衡率

粉碎物料平衡率（%）=（实际产出量 + 废料量 + 不可利用物料量）/ 投入量 ×100%=

签名：

附表 2-4　糖化工序记录

批生产指令单编号：

<table>
<tr><td>产品名称</td><td></td><td>批号</td><td colspan="2"></td></tr>
<tr><td>生产场所</td><td></td><td>生产日期</td><td colspan="2">年　月　日</td></tr>
<tr><td colspan="4">操作任务要点</td><td>操作确认</td></tr>
<tr><td colspan="4">1. 操作间的环境、设备、容器具应清洁，无上批次产品遗留物</td><td></td></tr>
<tr><td colspan="4">2. 生产用水符合饮用水标准</td><td></td></tr>
<tr><td colspan="4">3. 生产用蒸汽量已达到要求</td><td></td></tr>
<tr><td colspan="4">4. 糖化锅、过滤槽已清洗干净</td><td></td></tr>
<tr><td colspan="4">5. 复核粉碎大麦的名称、重量，检查外观等应符合要求</td><td></td></tr>
<tr><td colspan="4">6. 复核上道工序生产记录及合格证</td><td></td></tr>
<tr><td colspan="4">7. 检查设备状态牌</td><td></td></tr>
<tr><td colspan="4"></td><td></td></tr>
</table>

<table>
<tr><td colspan="2">环境监测</td><td colspan="6">设备运行情况</td></tr>
<tr><td rowspan="2">温度</td><td rowspan="2">湿度</td><td rowspan="3">设备名称</td><td>糖化锅</td><td rowspan="3">编号</td><td></td><td rowspan="3">工况</td><td></td></tr>
<tr><td>过滤槽</td><td></td><td></td></tr>
<tr><td></td><td></td><td>蒸汽发生器</td><td></td><td></td></tr>
</table>

确认人：

操作记录

<table>
<tr><th>编号</th><th>操作步骤</th><th>操作内容</th><th>QA 确认</th></tr>
<tr><td>1</td><td>酶解</td><td>1. 加水 60 kg，加热至 37℃
2. 投料　　kg
3. 搅拌 5 min（自　　至　　）
4. 静置 30 min（自　　至　　）</td><td></td></tr>
<tr><td>2</td><td>蛋白质分解</td><td>1. 升温至 50℃
2. 搅拌 5 min（自　　至　　）
3. 静置 60 min（自　　至　　）</td><td></td></tr>
<tr><td>3</td><td>糖化 1</td><td>1. 升温至 63℃
2. 搅拌 5 min（自　　至　　）
3. 静置 50 min（自　　至　　）</td><td></td></tr>
<tr><td>4</td><td>糖化 2</td><td>1. 升温至 68℃
2. 搅拌 5 min（自　　至　　）
3. 静置 60 min（自　　至　　）</td><td></td></tr>
</table>

续表

编号	操作步骤	操作内容	QA 确认
5	糖化程度检查	不完全 基本完全 完全	
6	灭酶活	1. 升温至 78℃ 2. 搅拌 5 min（自　　至　　）	
7	过滤	1. 过滤槽内泵入 78℃水至过滤板上 1 cm 2. 糖化液泵入过滤槽 3. 开耕刀 5 min（自　　至　　） 4. 静置 20 min（自　　至　　） 5. 麦汁回流 10 min（自　　至　　）至清亮，测糖度 6. 麦汁泵入煮沸锅 7. 洗槽 3 次（每次加水 20 kg），分别入煮沸锅 8. 测合并麦汁浓度达 9.0 ~ 9.5 BX 9. 排麦槽 10. 洗过滤槽	

操作人：　　　　复核人：

物料平衡率

糖化物料平衡率（100%）=（大麦糟重 – 含水量 + 浸出物重 + 废料量 + 不可利用物量）/ 总投入量 ×100%

签名

备注

附表 2-5　煮沸工序记录

批生产指令单编号：

产品名称		批号	
生产场所		生产日期	年　月　日

操作任务要点	操作确认
1. 操作间的环境、设备、容器具应清洁，无上批产品遗留物	
2. 生产前应有上一批的清场合格证	
3. 检查投料质量、麦汁浓度	
4. 复核上道工序生产记录	
5. 检查设备状态牌	
6. 煮沸锅已清洁干净	
7. 煮沸锅是否有明显警示标志	
8. 蒸汽发生器补水开关处于打开位置	

环境监测		设备运行情况		
温度	湿度	设备名称	编号	工况
		煮沸锅		
		蒸汽发生器		

确认人：

操作记录

操作步骤	操作内容	QA 确认
煮沸	1. 麦汁加热至 100℃，保持 60 min（自　　至　　）	
	2. 煮沸 20 min 后，加苦酒花 40 g	
	3. 测糖度，达 9.5 ~ 10.5 BX 时，加入香酒花	
	4. 加入香酒花煮沸 10 min 后，停止加热	

操作人	复核人

备注：

附表 2-6 冷却工序记录

批生产指令单编号：

<table>
<tr><td colspan="2">产品名称</td><td colspan="2"></td><td>批号</td><td colspan="2"></td></tr>
<tr><td colspan="2">生产场所</td><td colspan="2"></td><td>生产日期</td><td colspan="2">年　月　日</td></tr>
<tr><td colspan="6">操作任务要点</td><td>操作确认</td></tr>
<tr><td colspan="6">1. 操作间的环境、设备等器具应清洁，无上批次产品遗留物</td><td></td></tr>
<tr><td colspan="6">2. 对入罐所有管道热水杀菌 40 min 以上</td><td></td></tr>
<tr><td colspan="6">3. 检查换热器、阀门、仪表以及冰水、自来水阀处于正常状态</td><td></td></tr>
<tr><td colspan="6">4. 酵母接种罐已灭菌消毒，发酵罐已处于“已灭菌”状态</td><td></td></tr>
<tr><td colspan="6">5. 复核上道工序生产记录</td><td></td></tr>
<tr><td colspan="6">6. 冷却麦汁后温度达到 11℃ ± 0.5℃</td><td></td></tr>
<tr><td colspan="2">环境监测</td><td colspan="5">设备运行情况</td></tr>
<tr><td>温度</td><td>湿度</td><td>设备名称</td><td colspan="3">编号</td><td>工况</td></tr>
<tr><td rowspan="4"></td><td rowspan="4"></td><td>板框热交换器</td><td colspan="3"></td><td></td></tr>
<tr><td>酵母接种罐</td><td colspan="3"></td><td></td></tr>
<tr><td>冰水罐</td><td colspan="3"></td><td></td></tr>
<tr><td>冷冻机</td><td colspan="3"></td><td></td></tr>
</table>

操作记录

<table>
<tr><td>操作步骤</td><td>操作内容</td><td>QA 确认</td></tr>
<tr><td rowspan="2">杀菌</td><td>1. 对入罐所有管路热水杀菌 30 min</td><td></td></tr>
<tr><td>2. 酵母接种罐用 75% 酒精杀菌</td><td></td></tr>
<tr><td rowspan="4">冷却</td><td>1. 打开交换器的自来水阀、冷水阀、冷水泵</td><td></td></tr>
<tr><td>2. 打开麦汁泵阀、麦汁泵</td><td></td></tr>
<tr><td>3. 排除管道残留液至麦汁流出</td><td></td></tr>
<tr><td>4. 冷却麦汁达 11℃ ± 0.5℃</td><td></td></tr>
<tr><td rowspan="2">接种充氧</td><td>1. 添加酿酒酵母</td><td></td></tr>
<tr><td>2. 打开氧气阀进行充氧</td><td></td></tr>
<tr><td>入罐</td><td>麦汁通入发酵罐</td><td></td></tr>
<tr><td rowspan="3">清洗</td><td>麦汁管道过料完毕后热水清洗 10 min</td><td></td></tr>
<tr><td>碱循环 30 min</td><td></td></tr>
<tr><td>热水清洗 10 min</td><td></td></tr>
</table>

操作人：　　　　　　　　　　　　　　　　　　　　　　复核人：

附表 2-7　旋沉工序记录

批生产指令单编号：

<table>
<tr><td colspan="2">产品名称</td><td colspan="2"></td><td>批号</td><td colspan="2"></td></tr>
<tr><td colspan="2">生产场所</td><td colspan="2"></td><td>生产日期</td><td colspan="2">年　　月　　日</td></tr>
<tr><td colspan="6">操作任务要点</td><td>操作确认</td></tr>
<tr><td colspan="6">1. 操作间的环境、设备、容器具应清洁，无上批产品遗留物</td><td></td></tr>
<tr><td colspan="6">2. 生产前应有上一批的清场合格证</td><td></td></tr>
<tr><td colspan="6">3. 旋沉锅已清洁消毒干净</td><td></td></tr>
<tr><td colspan="6">4. 复核上道工序生产记录</td><td></td></tr>
<tr><td colspan="6">5. 检查设备状态牌</td><td></td></tr>
<tr><td colspan="2">环境监测</td><td colspan="5">设备运行情况</td></tr>
<tr><td>温度</td><td>湿度</td><td>设备名称</td><td colspan="2">编号</td><td colspan="2">工况</td></tr>
<tr><td rowspan="2"></td><td rowspan="2"></td><td>旋沉锅</td><td colspan="2"></td><td colspan="2"></td></tr>
<tr><td></td><td colspan="2"></td><td colspan="2"></td></tr>
<tr><td colspan="7">确认人：</td></tr>
<tr><td colspan="7">操作记录</td></tr>
<tr><td colspan="2">操作步骤</td><td colspan="4">操作内容</td><td>QA 确认</td></tr>
<tr><td colspan="2" rowspan="5">旋沉</td><td colspan="4">1. 麦汁泵入旋沉锅</td><td></td></tr>
<tr><td colspan="4">2. 静置 30 min（自　　　至　　　）</td><td></td></tr>
<tr><td colspan="4">3. 排去旋沉锅底部的热凝物</td><td></td></tr>
<tr><td colspan="4">4. 记录热凝物的质量共　　　kg</td><td></td></tr>
<tr><td colspan="4">5. 旋沉锅盖子不得随意开启</td><td></td></tr>
<tr><td colspan="4">操作人：</td><td colspan="3">复核人：</td></tr>
<tr><td colspan="7">物料平衡率</td></tr>
<tr><td colspan="7">旋沉物料平衡率（%）=（实际产出量 + 废料量 + 不可利用物料量）/ 投入原料量 ×100%=

签名</td></tr>
</table>

附表 2-8 发酵工序记录

批生产指令单编号：

产品名称		批号	
生产场所		生产日期	年 月 日

操作任务要点	操作确认
1. 操作间的环境、设备、容器具应清洁，无上批产品遗留物	
2. 生产前应有上一批的清场合格证	
3. 复核上道工序生产记录	
4. 发酵罐的所有阀门、仪表工作正常	
5. 发酵罐温控系统工作正常	

环境监测		设备运行情况			
温度	湿度	设备名称	酒类名称	工况	
		发酵罐 1			
		发酵罐 2			
		发酵罐 3			
		发酵罐 4			

操作记录

操作步骤	操作内容	QA 确认
主发酵	1. 发酵温度保持 11 ± 0.2℃，时间约 3 d	
	2. 压力在 0 ~ 0.03 MPa	
	3. 每隔 1 d 排放一次冷凝固物，共 3 次。记录质量	
	4. 糖度由 9.5 ~ 10.5 BX 降至 4.2 ± 0.2 BX 时封罐升压	
双乙酰还原	1. 关闭冷媒自然升温至 12℃	
	2. 升压至 0.14 MPa（控制在 0.10 ~ 0.15 MPa），时间为 4 d	
	3. 双乙酰含量降至 0.10 mg/L 以下时，开始降温	
降温	1. 24 h 内使温度由 12℃降至 5℃（0.5 ~ 0.7℃/h）	
	2. 停留 1 d 进行酵母回收	
	3. 5℃以后，以 0.1 ~ 0.3℃/h 的速率降温至 0℃	
贮酒	1. 保持罐压 0.14 Mpa，大麦啤酒贮酒 7 d 以上	
	2. 储酒时间超过 1 周时，每天排放酵母 1 次	

操作人：　　　　　　　　复核人：

附表 2-9　清场工作记录

<table>
<tr><td>工序</td><td colspan="2">产品名称</td><td colspan="2">批号</td><td colspan="2">清场日期</td></tr>
<tr><td></td><td colspan="2"></td><td colspan="2"></td><td colspan="2"></td></tr>
<tr><td colspan="5">清场任务及内容</td><td>清场操作</td><td>清场人</td></tr>
<tr><td colspan="5">1. 生产设备及附件应清洁消毒</td><td></td><td></td></tr>
<tr><td colspan="5">2. 生产工具、容器应清洁消毒</td><td></td><td></td></tr>
<tr><td colspan="5">3. 生产工具、容器应放于规定地方</td><td></td><td></td></tr>
<tr><td colspan="5">4. 清洁电子秤</td><td></td><td></td></tr>
<tr><td colspan="5">5. 生产场所无剩余物料</td><td></td><td></td></tr>
<tr><td colspan="5">6. 地面、桌面、门窗及生产场所清洁干净，无污垢</td><td></td><td></td></tr>
<tr><td colspan="5"></td><td></td><td></td></tr>
<tr><td>清场结果</td><td></td><td>检查人</td><td></td><td colspan="2">QA</td><td></td></tr>
<tr><td colspan="7">备注：</td></tr>
</table>

清场合格证（正本）
产品名称：
批　　号：
清场日期：
QA 签名：
编　　号：

清场合格证（正本）
产品名称：
批　　号：
清场日期：
QA 签名：
编　　号：

清场合格证（副本）
产品名称：
批　　号：
清场日期：
QA 签名：
编　　号：

清场合格证（副本）
产品名称：
批　　号：
清场日期：
QA 签名：
编　　号：

附表 2-10 巡查记录

编号　　　　　　　　品名　　　　　　　　规格　　　　　　　　批号

序号	检查要求	检查要求	检查结果		偏离原因处理措施及结果
			正确（√）	偏差（×）	
1	个人卫生	不佩戴饰物和化妆			
2	工作服穿戴	更衣、着装规范			
3	工艺卫生	清洁无灰尘、污物，符合工艺要求			
4	原始记录	准确、及时、完整			
5	状态标记	完备、明显、准确			
6	定置管理	各类用品、用具放置符合要求			
7	物料是否相符	物料核对应正确			
8	岗位 SOP 执行情况	应按 SOP 操作			
QA			检查日期		

备注：

附录 3：啤酒生产实训常见问题与解决方案

问题	原因	解决问题的方案
糊化时锅底黏	1. 加水比不适当； 2. 粉碎度控制不好，粗粒较多； 3. 升温速度较快。	1. 调整加水比，外加一定数量液化酶； 2. 增加保温时间，适当调整粉碎度。
麦汁浑浊	1. 酿造用水硬度过高； 2. 麦汁过滤温度太高，α- 淀粉酶失活； 3. 葡聚糖浸出。	1. 加入磷酸或食用乳酸调节酿造用水在 pH 5.6 ~ 6.2； 2. 麦芽粉碎适度； 3. 过滤温度适宜。
啤酒口味不佳，苦涩酸等	1. 啤酒花添加过量或过早； 2. 煮沸时间太长； 3. 酵母使用代数过多，酵母衰老。	1. 应按 α- 酸含量和麦汁产量添加酒花； 2. 控制麦汁、料液煮沸时间； 3. 注意控制酵母添加量、发酵温度，酵母应洗净，酵母水不得有苦味。
发酵液“翻腾”现象	1. 主要是由于冷却夹套开启不当，造成上部温度与工艺曲线偏差 1.5 ~ 4℃，罐中部温度更高，引起发酵液强烈对流； 2. 压力不稳，急剧升降也会造成翻腾。	1. 检查仪表是否正常； 2. 严格控制冷却温度，避免上部酒液温度过高； 3. 保持罐内压力稳定。

续表

问题	原因	解决问题的方案
发酵罐结冰	1. 仪表失灵，温度参数选择不当； 2. 热电阻安装位置深度不合适，仪表精度差，操作不当等。	1. 检查测温元件及仪表误差，特别要检查铂电阻是否泄漏，若泄漏应烘烤后石蜡密封或更换； 2. 选择恰当的测温点位置和热电阻插入深度； 3. 加强工艺管理，及时排放酵母； 4. 冷媒液温度应控制在 –2.5 ~ –4℃。
酵母自溶	1. 当罐下部温度与中、下部温度差 1.5 ~ 5℃以上时，会造成酵母沉降困难和酵母自溶现象； 2. 罐底酵母泥温度过高（16 ~ 18℃），维持时间过长。	1. 检查仪表是否正常； 2. 及时排放酵母泥； 3. 冷媒温度保持 –4℃，贮酒期上、中、下温度保持在 –1 ~ 1℃。
饮用啤酒后“上头”现象	一般啤酒中高级醇含量超过 120 mg/L，异丁醇含量超过 10 mg/L，异戊醇含量超过 50 mg/L 时，就会造成饮用啤酒后的“上头”现象。	1. 适当提高酵母添加量，减少酵母的增殖量，酵母细胞数以 15 × 10 个 /mL 为宜； 2. 控制 12°P 麦汁 α– 氨基氮含量在 180 ± 200 mg/L 左右； 3. 控制麦汁中溶解氧含量在 8 ~ 10 mg/L； 4. 控制好发酵温度和罐压。
双乙酰还原困难	1. 麦汁中 α– 氨基氮含量偏低，代谢产生的 α– 乙酰乳酸多； 2. 主发酵后期酵母过早沉降，发酵液中悬浮的酵母数过少。	1. 控制麦汁中 α– 氨基氮含量（160 ~ 200 mg/L），避免过高或过低； 2. 适当提高酵母接种量和满罐温度，双乙酰还原温度适当提高； 3. 主发酵结束后，降温幅度不宜太快。
发酵中止现象	1. 麦芽汁营养不够，低聚糖含量过高，α– 氨基氮不足，酸度过高或过低； 2. 酵母退化，发生突变导致不降糖； 3. 酵母自发突变，产生呼吸缺陷型酵母所致。	1. 在麦芽汁制备过程中加强蛋白质的水解，保证足够的糖化时间。 2. 采用更换新的酵母菌种来解决。 3. 如果是由酵母自发突变，产生呼吸缺陷型酵母所致，可以从原菌种重新扩培或更换菌种。

附录 4：啤酒的质量标准

1. 感官指标和理化指标

1991 年国家技术监督局批准颁布的国家标准 GB/T4927–1991 规定了啤酒的感官指标和理化指标，应符合附表 4–1 ~ 附表 4–4。

附表 4–1　淡色啤酒的感官指标

类型＼级别			优级	一级	二级
外观	透明度		清亮透明，允许有肉眼可见的微细悬浮物和沉淀物（非外来异物）		
	浊度，EBC		≤0.9	≤1.2	≤1.5
泡沫	形态		泡沫洁白细腻，持久挂杯	泡沫较洁白细腻，较持久挂杯	泡沫尚洁白，尚细腻
	泡持性（s）	瓶装	≥200	≥170	≥10
		听装	≥170	≥150	
香气和口味			有明显的酒花香气，口味纯正、爽口，酒体协调、柔和，无异香、异味	有明显的酒花香气，口味纯正，较爽口，酒体协调，无异香、异味	有酒花香气，口味较纯正，无异味

① 对非瓶装的“鲜啤酒”无要求；
② 对桶装（鲜、生、熟）啤酒无要求。

附表 4–2　浓色啤酒、黑色啤酒的感官指标

项目＼级别			优级	一级	二级
外观			酒体有光泽，允许有肉眼可见的微细悬浮物和沉淀物（非外来异物）		
泡沫	形态		泡沫细腻，挂杯	泡沫较细腻挂杯	泡沫尚细腻
	泡持性（s）	瓶装	≥200	≥170	≥120
		听装	≥170	≥150	
色度 EBC	浓色		15.0 ~ 40.0		
	黑色		>40.0		
香气和口味			具有明显的麦芽香气，口味纯正、爽口，酒体醇厚、柔和，杀口，无异味	有较明显的麦芽香气，口味纯正，较爽口，杀口，无异味	有麦芽香气，口味较纯正，较爽口，无异味

附表 4–3　淡色啤酒的理化指标

项目 \ 级别		优级	一级	二级
酒精度（1），%（*V*/*V*）［或 %（*m*/*m*）］	≥14.10 波美度	≥5.5［4.3］	≥5.2［4.1］	
	12.1～14.00 波美度	≥4.7［3.7］	≥4.5［3.5］	
	11.1～12.00 波美度	≥4.3［3.4］	≥4.1［3.2］	
	10.1～11.00 波美度	≥4.0［3.1］	≥3.7［2.9］	
	8.1～10.00 波美度	≥3.6［2.8］	≥3.3［2.6］	
	≤8.00 波美度	≥3.1［2.4］	≥2.8［2.2］	
原麦汁浓度（2）	≥10.10 波美度	X–0.3		
	≤10.00 波美度	X–0.2		
总酸 mL/100 mL	≥14.10 波美度	≤3.5		
	10.10～14.00 波美度	≤2.6		
	≤10.00 波美度	≤2.2		
二氧化碳（3），%（*m*/*m*）		0.40～0.65		0.35～0.65
双乙酰 mg/L		≤0.10	≤0.15	≤0.20
蔗糖转化酶活性（4）		呈阳性		

① 不包括低醇啤酒；
② “X”为标签上标注的原麦汁浓度，“–0.3”“X–0.2”为允许的负偏差；
③ 桶装（鲜、生、熟）啤酒二氧化碳不得小于 0.25%（*m*/*m*）；
④ 仅对“生啤酒”和“鲜啤酒”有要求。

附表 4–4　浓色啤酒、黑色啤酒的理化指标

项目 \ 级别		优级	一级	二级
酒精度（1），%（*V*/*V*）［或 %（*m*/*m*）］	≥14.10 波美度	≥5.5［4.3］	≥5.2［4.1］	
	12.1～14.00 波美度	≥4.7［3.7］	≥4.5［3.5］	
	11.1～12.00 波美度	≥4.3［3.4］	≥4.1［3.2］	
	10.1～11.00 波美度	≥4.0［3.1］	≥3.7［2.9］	
	8.1～10.00 波美度	≥3.6［2.8］	≥3.3［2.6］	
	≤8.00 波美度	≥3.1［2.4］	≥2.8［2.2］	
原麦汁浓度（2）	≥10.10 波美度	X–0.3		
	≤10.00 波美度	X–0.2		
总酸 mL/100 mL		≤4.0		
二氧化碳（3），%（*m*/*m*）		0.40～0.65		0.35～0.65

① 不包括低醇啤酒；
② “X”为标签上标注的原麦汁浓度，“–0.3”“X–0.2”为允许的负偏差；
③ 桶装（鲜、生、熟）啤酒二氧化碳不得小于 0.25%（*m*/*m*）。

2. 保质期

瓶装、听装熟啤酒保质期不少于 120 d（优级、一级），60 d（二级）；瓶装鲜啤酒保质期不少于 7 d；罐装、桶装鲜啤酒保质期不少于 3 d。

3. 卫生指标

卫生指标按 GB–2758 发酵酒卫生标准执行。

（1）感官指标　澄清、清亮，允许有肉眼可见的微细悬浮物和沉淀物（非外来异物），无异臭及异味。

（2）理化指标　符合附表 4–5 的要求。

附表 4–5　啤酒理化指标

项目	指标
二氧化硫残留量（游离 SO_2 计）/$g \cdot kg^{-1}$	≤0.05
黄曲霉毒素 B1 含量 /$\mu g \cdot kg^{-1}$	≤5
铅残留量（以 Pb 计）/$mg \cdot L^{-1}$	≤0.5
N– 二甲基亚硝胺含量 /$\mu g \cdot L^{-1}$	≤3

（3）细菌指标　符合附表 4–6 的要求。

附表 4–6　细菌指标

项目	指标	
	生啤酒	熟啤酒
细菌总数 / 个 · mL^{-1}	–	≤50
大肠菌群 / 个 ·（100 mL）$^{-1}$	≤50	≤3

附录 5：啤酒品评训练方法

1. 稀释比较法　使用冷却的蒸馏水或无杂味的自来水，通入二氧化碳以排除空气，并溶入二氧化碳。将此水加入啤酒中，使之稀释 10%。将稀释的啤酒与未稀释的同一种啤酒装瓶，密封于暗处，存放过夜，使达平衡。然后进行品评。连续 3 d 重复品评，将结果填入表内。

2. 甜度比较　取定量纯蔗糖，全部溶解在一小部分啤酒中，并在不大量损失 CO_2 的条件下，与其他大部分啤酒混合，使其含糖浓度为 4 g/L。事先告知有一种是加糖酒，连续品评 3 d，将结果填入表内。

3. 苦味比较　在一部分啤酒中加入 4 mg/L 异 α– 酸溶解于 90% 酒精，使呈苦味，并将此处理过的啤酒放置过夜，然后如上所述品评，连续 3 d，记录结果。

附录 6：评酒员考选办法

三杯法

三只杯中有两只装入同一种酒，另一杯为不同酒，判断正确得 10 分，否则得 0 分，考 2 次，取平均值。

五杯对号法

用五杯不同啤酒二次品评，找出相同的酒，正确一对得 4 分。

五杯选优排名对号法

基本同上法，增加排序，即品评人员根据判断，排出优劣次序。

口味特点考评法

要求参评人员指出标准酒样的最突出的一个特点。答对一只酒样得 3 分，共 15 分。

气味特点考评法

参评人员根据嗅觉判断酒样的香气和不良气味，不能饮用样品。

附录 7：主要卫生规范或国家标准

1. 中华人民共和国国家标准《啤酒生产卫生规范》【GB 8952-2016】
2. 中华人民共和国国家标准《粮食卫生标准》【GB 2715-2005】
3. 中华人民共和国国家标准《生活饮用水卫生标准》【GB 5749-2006】
4. 中华人民共和国国家标准《α- 淀粉酶制剂》【GB/T 24401-2009】
5. 中华人民共和国国家标准《谷氨酸钠（味精）》【GB/T 8967-2007】
6. 中华人民共和国国家标准《食品安全国家标准　味精中麸氨酸钠（谷氨酸钠）的测定》【GB 5009.43-2016】

附录 8：氧气瓶安全使用规范

1. 氧气瓶应戴好安全防护帽，竖直安放在固定的支架上，要采取防止日光曝晒的措施。

2. 氧气瓶里的氧气不能全部用完，必须留有剩余压力，严防乙炔倒灌引起爆炸。尚有剩余压力的氧气瓶，应将阀门拧紧，注上“空瓶”标记。

3. 氧气瓶附件有缺损，阀门螺杆滑丝时，应停止使用。

4. 禁止用沾染油类的手和工具操作气瓶，以防引起爆炸。

5. 氧气瓶不能强烈碰撞。禁止采用抛、摔及其他容易引起撞击的方法进行装卸或搬运。严禁用电磁起重机吊运。

6. 在开启瓶阀和减压器时，人要站在侧面；开启的速度要缓慢，防止有机材料零件温度过高或气流过快产生静电火花而造成燃烧。

7. 在冬天气瓶的减压器和管系发生冻结时，严禁用火烘烤或使用铁器一类的东西猛击气瓶，更不能猛拧减压表的调节螺丝，以防止氧气突然大量冲出，造成事故。

8. 氧气瓶不得靠近热源，与明火的距离一般不得小于 10 m。

9. 禁止使用没有减压器的氧气瓶。气瓶的减压器应有专业人员修理。

附录 9：二氧化碳瓶安全使用规范

1. 使用前检查是否漏气，可涂上肥皂液进行检查，调整至确实不漏气后才进行实验。

2. 使用时先逆时针打开钢瓶总开关，观察高压表读数，记录高压瓶内总的二氧化碳压力，然后顺时针转动低压表压力调节螺杆，使其压缩主弹簧将活门打开，这样进口的高压气体与高压气体室经节流感压后进入低压室，通往工作室。使用后，先顺时针关闭钢瓶总开关，再逆时针旋松减压阀。

3. 防止钢瓶的使用温度过高，钢瓶应存放在阴凉、干燥、远离热源处，不得超过 31℃。

4. 钢瓶不能卧放，如果钢瓶卧放，打开减压阀时，冲出的二氧化碳液体迅速气化，容易发生管爆裂及大量二氧化碳泄露的意外。

5. 减压阀接头及压力调节器装置正确，没有损坏，状况良好。

6. 旧瓶定期接受检验，超过钢瓶安全规范年限，接受压力测试合格后，才能继续使用。

附录 10：发酵罐系统操作规范

一、准备工作

1. 检查管路连接是否正常，能正常使用，无泄漏；

2. 检查阀门系统是否通畅，无滴漏；

3. 检查设备

空压机运转正常，出口压力不低于 0.2 MPa；

蒸汽发生器运转正常，出口蒸汽压力不低于 0.2 MPa；

发酵罐搅拌、蠕动泵、加热器等运转正常；

检查并更换易损 O 形圈、硅胶垫片；

检查空气过滤器滤芯并更换污染的滤芯，关闭所有手动阀门。

4. pH 电极的标定校正

（1）pH 电极使用前的水化　pH 电极由于长时间未用，在使用之前必须浸入蒸馏水中 3 h 以上（第一次使用浸泡 12 h 以上），以使 pH 电极的玻璃膜与水反应形成一个覆盖层，此薄层对电极的测量特性起着决定作用。

（2）pH 的标定校正　在灭菌前应对 pH 电极进行 pH 的标定校正。

① pH 电极的零点校正　用蒸馏水冲洗电极，用吸水纸吸干后，浸于 pH 6.86 的标准缓冲液中，待下位机控制器屏幕上显示出稳定值后，通过方向键将光标移到 6.86 字样的【标定】键上，按【确定】键。此时在 pH 右侧会自动根据采样的数据显示 6.86 值，完成零点标定。

② pH 电极斜率校正　用蒸馏水冲洗电极，吸干后浸入 pH 4.00 或 9.18 的标准缓冲

液中，待下位机控制器屏幕上显示出稳定值后，通过方向键将光标移到 4.00 或 9.18 字样的【标定】键上，按【确定】键。此时在 pH 右侧会自动根据采样的数据显示 4.00 或 9.18 值，完成零点标定。

5. 溶氧电极（DO）的标定

（1）溶氧电极的极化　在使用前加满电解液，浸入水中至少通电极化 6 h，然后进行电极的标定。

（2）溶氧电极测量的标定

① 标定零点值　在灭菌升温过程中当温度超过 100℃后，按下溶氧标定按钮，可作为溶氧标定的零点值。也可在灭菌前先用饱和亚硫酸钠溶液标定为零点。

② 标定 100% 值　在正式发酵前设定发酵初始温度、搅拌转速、通气量和罐压（0.02 ~ 0.1 MPa），将该初始状态下的溶氧标定为 100% 值，通过方向键将光标移到空气字样后的【标定】键上，按【确定】键。此时在显示屏上会自动根据采样的数据显示 100% 值，完成 100% 值标定。

二、气密性检查

1. 安装好 pH 电极，溶氧电极。

2. 打开空气压缩机，同时打开空气进气阀、空气减压阀，关闭罐体放空阀，打开空气隔膜阀，使发酵罐压力表保持在 0.15 MPa 左右，过滤器上压力表 0.2 MPa 左右。

3. 关闭空气隔膜阀，使其稳压 30 min，稳压时检测罐体压力下降幅度，超过 0.02 MPa 则有泄漏，需检查各端口。

4. 关闭空气进气阀，打开罐体放空阀。

三、灭菌操作

1. 发酵罐空消

（1）空罐灭菌注意事项和准备

① 在灭菌之前一定要先将夹套的水排掉。

② 所有罐体上的部件都必须保证是安装可靠的，以防罐压升高时造成危害。

③ 空罐灭菌时 pH、DO 电极应取下，这样可以延长使用寿命。

④ 将罐体及管路上的所用阀门都关闭。

⑤ 调整好液位和消泡电极的位置并旋紧。如果不用则可拆下并用堵头封住；检查蒸汽是否满足要求。

（2）步骤

① 发酵罐、空压机电源打开。

② 打开蒸汽发生装置，发酵罐与蒸汽发生装置的通水阀门打开，并检查蒸汽发生装置水箱是否满，注意蒸汽发生装置的压力表读数。打开蒸汽发生装置的旁通阀使冷空气排出，排完即关。

③ 打开发酵罐水阀，使水淹没温度电极，排空夹套水。

④ 当蒸汽发生装置的压力表读数达到 0.4 ~ 0.7 MPa，可开启空消。

⑤ 当罐温达到 100℃以上，分别对取样口、轴封、底阀进行消毒，每项 10 min。取样口消毒：打开取样蒸汽进气阀，取下取样口螺盖使取样口出蒸汽，打开取样蒸汽出气阀，拧上取样口螺盖，计时 10 min（正常灭菌状态下取样相通管道会发烫）。轴封与底阀

的灭菌过程与取样口灭菌操作类似。

⑥ 空消完成后关闭蒸汽发生装置，降温冷却。

2. 发酵罐实消

（1）投料并开启搅拌（可设定 200 r/min），并有一定程度进风。

（2）关闭所有阀门，打开蒸汽总管路上的阀门，半开启罐体排空阀，打开罐体夹套排气阀，放净夹套水后，半开启该阀。

（3）进入灭菌页面，进行灭菌参数设定（转速、灭菌温度、灭菌时间）按下【S/E】键，灭菌开始。

（4）温度升至 90℃时，搅拌自动关闭，当温度超过 100℃后可作为溶氧电极的零点标定，在变量（溶氧）标定界面选择【亚硫酸钠】，选择【确认】键即完成标定。

（5）温度升至 121℃时，相应罐压升至 0.12 MPa 左右。

3. 空气过滤器、管路及管内空气分布器的灭菌

（1）当温度升至 100℃时，打开进空气过滤器的蒸汽阀，再慢慢打开空气过滤器排水排气阀，看到过滤器蒸汽出来为止。

（2）打开空气隔膜阀，通过调节隔膜阀、罐体放空阀或过滤器排水排气阀调节过滤器压力表，使过滤器压力表保持在 0.15 ~ 0.2 MPa（不超过 0.25 MPa），维持罐内压力表在 0.12 MPa 左右。

（3）根据需要打开取样蒸汽灭菌阀，半开启取样阀，对罐底取样管路灭菌。

4. 结束灭菌

（1）务必先关闭隔膜阀（防止罐内液体倒吸）。

（2）灭菌完毕，自动关闭蒸汽电磁阀，自动打开冷水进水电磁阀，开始快速降温。

（3）关闭空气过滤器的蒸汽阀、空气过滤器排水排气阀、罐体夹套排气阀，关闭取样蒸汽灭菌和取样阀。

（4）打开循环水阀和冷凝器水阀，打开空气进气阀和隔膜阀。

（5）打开循环水阀调节罐内压力和过滤器压力，罐压维持 0.15 MPa，过滤器上表压维持 0.2 MPa。

（6）温度降至 90℃时开启搅拌。降温阶段注意调节隔膜阀和罐体放空阀的开度，控制罐内压力不要降至 0.02 MPa 以下。

（7）在罐内料液温度降至 70 ~ 80℃时，手动切换至灭菌结束状态。

（8）在温度控制界面，选择温度控制方式（手动或自动），并设定温度；温度稳定在设定温度时，连接三通补料，调节 pH 至培养要求；调节空气流量和罐内压力培养条件，此时标定溶氧电极的 100%。

（9）发酵罐待接种。

四、接种操作

1. 火焰接种法

（1）医用酒精擦拭接种口。

（2）火圈中加入酒精，点燃后套在接种口上。

（3）关小隔膜阀，调节进风，降低罐压，打开接种口盖。

（4）在火焰范围内打开接种瓶塞，在火焰上灼烧几秒后，在迅速将种子液倒入罐中。

（5）在火焰上灼烧接种口盖数秒，迅速盖好接种口盖。

五、发酵培养

接种结束后，对培养各参数进行设定，开始发酵培养，发酵过程中打开冷凝器水阀。

（1）发酵过程维持压力恒定（0.05 ~ 0.1 MPa），可以通过手动调节罐体放空阀完成。

（2）发酵过程中如遇突然断电，关闭进气阀和放空阀，保压，降温，减通气量，然后立即联系供电部门，迅速解决；突然停水，待温度降低手动升温。

（3）发酵过程中若泡沫过多，调小罐体放空阀，降低通气量，使罐压升高，补加几滴消泡剂。

（4）过滤器放空阀关闭后，要定期排放积水。

六、取样操作

（1）手动开启并调节取样阀上蒸汽支路阀门进行灭菌，一般灭菌 30 min。

（2）关闭取样蒸汽灭菌阀，旋启取样阀手轮，进行取样。

（3）取样结束，旋动手轮，关闭取样阀。

（4）打开取样蒸汽灭菌，将取样阀中料液吹进，再次灭菌 30 min。

（5）关闭取样蒸汽灭菌阀。

七、发酵结束处理

（1）将温度、pH 调节设定由自动改为手动状态。

（2）关闭水循环阀、冷凝水阀，依次关闭隔膜阀、空气进气阀，打开罐体放空阀，半开启夹套排气排水阀，同时通过过滤器排水排气阀，排气泄压。

（3）在灭菌界面设定灭菌温度、灭菌时间，处理发酵液。

（4）发酵液处理完毕后，打开发酵罐底阀和空气进气阀，调节隔膜阀、罐体放空阀，保证有一定罐压，将发酵液通过底阀转入储罐，待进一步处理。

八、发酵罐系统的清洗、保养和维护

1. 清洗

（1）关闭电源，取出电极并保养，电极插口冲洗干净，用塞子旋紧。

（2）取下电机，断开冷凝器进出水管，打开罐盖，垂直拆卸搅拌与盖板，有条件尽可能使搅拌轴处于自然悬垂状态。

（3）拆下搅拌器，对螺纹处、搅拌器、轴出进行清洗，机械密封用水冲洗。

（4）对罐体清洗，如有必要，可使用酒精或其他对罐体及工艺无影响的清洗剂对难清洗物质进行擦洗，然后用清水冲洗。

（5）拆下空气分布盘上的闷头进行清洗，用清水冲洗进风管，检查分布盘上小孔是否有水均匀流出。

（6）清洗 O 形圈槽、O 形圈，对于出现变形、老化或划伤的要进行更换。

（7）清洗完毕，重新安装。

（8）罐内加入清水，以水待料，进行灭菌。

（9）罐内水排清，设备待用。

（10）若长期停电，切断总电源，盖防尘罩。

2. 保养

（1）溶氧电极保养

① 如果长期不用，将电极从罐上取下，用配套的保护套保护电极接头盒电极溶氧膜，放入电极盒中即可。

② 电缆线接头盒电极不能接触液体或潮湿空气。

③ 勿用利器刮擦敏感膜，以免损伤。

（2）pH 电极保养

① 如果长期不用，将电极卸下，将电极接头套上配套的盖帽，电极头用配套的敏感膜保护帽套上，放入电极盒中即可。

② 电极不能放在蒸馏水中保存，否则将大大缩短其使用寿命。

③ 电缆线接头盒电极不能接触液体或潮湿空气。

④ 勿用利器刮擦敏感膜，以免损伤。

（3）空气系统的保养　空气系统包括压缩机、粗过滤器、精过滤器、隔膜阀和空气分布器。

① 过滤器的保养　过滤器在使用一段时间后，其滤芯的微孔会逐渐堵塞，引起空气的流量严重不足和空气压降增大，从而影响通气量，同时可能引起染菌，需进行更换。

② 空气分布器的保养　每次发酵结束后需对空气分布器进行清洗。如果发酵液的性质与水相似，可在罐内加水，然后通压缩空气进行清洗。如果发酵液较黏稠，或含有细小颗粒，则最好把空气分布器拆下，然后把堵头拧下，用水冲洗。同时保证小孔通气畅通。

（4）蒸汽系统的保养　蒸汽系统包括蒸汽发生器、蒸汽过滤器、蒸汽管路阀门等。

① 在使用过程中要经常注意保证蒸汽压力的恒定。

② 蒸汽发生器的保养见该产品的使用说明书。

③ 在操作过程中注意不要一下全开蒸汽阀门，否则会冲击蒸汽过滤器滤芯，严重时会把滤芯冲断或泄漏而使其失效。同时需要注意蒸汽过滤器的滤芯在使用一段时间后要更换。

（5）其他

① 卡套球阀　由于球阀内的密封件是由两个半球状四氟乙烯制成的，长时间使用后密封件与阀芯之间可能会泄漏。若泄漏，只要旋松阀两端的卡套接头螺帽，然后旋紧阀两端的圆柱状接头即可。

② 卡套接头的泄漏　旋紧接头上的压帽即可。

附录 11：硫酸铵饱和度表

硫酸铵初浓度，饱和度 /%	硫酸铵终浓度，饱和度 /%																
	10	20	25	30	33	35	40	45	50	55	60	65	70	75	80	90	100
	每一升溶液加固体硫酸铵的克数 *																
0	56	114	114	176	196	209	243	277	313	351	390	430	472	516	561	662	707
10		57	86	118	137	150	183	216	251	288	326	365	406	449	494	592	694
20			29	59	78	81	123	155	189	225	262	300	340	382	424	520	619
25				30	49	61	93	125	158	193	230	267	307	348	390	485	583
30					19	30	62	94	127	162	198	235	273	314	356	449	546
33						12	43	74	107	142	177	214	252	292	333	426	522
35							31	63	94	129	164	200	238	278	319	411	506
45									32	65	99	134	171	210	250	339	431
50										33	66	101	137	176	214	302	392
55											33	67	103	141	179	264	353
60												34	69	105	143	227	314
65													34	70	107	190	275
70														35	72	153	237
75															36	115	198
80																77	157
90																	79

* 在 25℃下硫酸铵溶液由初浓度调到终浓度时，每升溶液所加固体硫酸铵的克数。

附录 12：常用缓冲溶液的配制

一、甘氨酸 – 盐酸缓冲液（0.05 mol/L）

X mL 0.2 mol/L 甘氨酸 + *Y* mL 0.2 mol/L HCI，再加水稀释至 200 mL。

pH	*X* /mL	*Y*/mL	pH	*X* /mL	*Y* /mL
2.2	50	44.0	3.0	50	11.4
2.4	50	32.4	3.2	50	8.2
2.6	50	24.2	3.4	50	6.4
2.8	50	16.8	3.6	50	5.0

甘氨酸分子量 =75.07，0.2 mol/L 甘氨酸溶液含 15.01 g/L。

二、邻苯二甲酸 – 盐酸缓冲液（0.05 mol/L）

X mL 0.2 mol/L 邻苯二甲酸氢钾 + 0.2 mol/L HCl，再加水稀释到 20 mL。

pH（20℃）	X /mL	Y /mL	pH（20℃）	X /mL	Y /mL
2.2	5	4.670	3.2	5	1.470
2.4	5	3.960	3.4	5	0.990
2.6	5	3.295	2.6	5	0.597
2.8	5	2.642	3.8	5	0.263
3.0	5	2.032			

邻苯二甲酸氢钾分子量 =204.23，0.2 mol/L 邻苯二甲酸氢钾溶液为 40.85 g/L。

三、磷酸氢二钠 – 柠檬酸缓冲液

pH（20℃）	0.2 mol/L Na_2HPO_4 /mL	0.1 mol/L 柠檬酸 /mL	pH（20℃）	0.2 mol/L Na_2HPO_4 /mL	0.1 mol/L 柠檬酸 /mL
2.2	0.40	19.60	5.2	10.72	9.28
2.4	1.24	18.76	5.4	11.15	8.85
2.6	2.18	17.82	5.6	11.60	8.40
2.8	3.17	16.83	5.8	12.09	7.91
3.0	4.11	15.89	6.0	12.63	7.37
3.2	4.94	15.06	6.2	13.22	6.78
3.4	5.70	14.30	6.4	13.85	6.15
3.6	6.44	13.56	6.6	14.55	5.45
3.8	7.10	12.90	6.8	15.45	4.55
4.0	7.71	12.29	7.0	16.47	3.53
4.2	8.28	11.72	7.2	17.39	2.61
4.4	8.82	11.18	7.4	18.17	1.83
4.6	9.35	10.65	7.6	18.73	1.27

Na_2HPO_4 分子量 = 141.98；0.2 mol/L 溶液为 28.40 g/L。

$Na_2HPO_4 \cdot 2H_2O$ 分子量 = 178.05；0.2 mol/L 溶液为 35.61 g/L。

$Na_2HPO_4 \cdot 12H_2O$ 分子量 = 358.22；0.2 mol/L 溶液为 71.64 g/L。

$C_6H_8O_7 \cdot H_2O$ 分子量 = 210.14；0.1 mol/L 溶液为 21.01 g/L。

四、柠檬酸 – 氢氧化钠 – 盐酸缓冲液

pH	钠离子浓度 /mol/L	柠檬酸 $C_6H_8O_7 \cdot H_2O$/g	氢氧化钠 NaOH/g	盐酸（浓）/mL	最终体积 /L*
2.2	0.20	210	84	160	10
3.1	0.20	210	83	116	10

续表

pH	钠离子浓度 /mol/L	柠檬酸 $C_6H_8O_7 \cdot H_2O$/g	氢氧化钠 NaOH/g	盐酸（浓）/mL	最终体积 /L*
3.3	0.20	210	83	106	10
4.3	0.20	210	83	45	10
5.3	0.35	245	144	68	10
5.8	0.45	285	186	105	10
6.5	0.38	266	156	126	10

五、柠檬酸－柠檬酸钠缓冲液（0.1 mol/L）

pH	0.1 mol/L 柠檬酸 /mL	0.1 mol/L 柠檬酸钠 /mL	pH	0.1 mol/L 柠檬酸 /mL	0.1 mol/L 柠檬酸钠 /mL
3.0	18.6	1.4	5.0	8.2	11.8
3.2	17.2	2.8	5.2	7.3	12.7
3.4	16.0	4.0	5.4	6.4	13.6
3.6	14.9	5.1	5.6	5.5	14.5
3.8	14.0	6.0	5.8	4.7	15.3
4.0	13.1	6.9	6.0	3.8	16.2
4.2	12.3	7.7	6.2	2.8	17.2
4.4	11.4	8.6	6.4	2.0	18.0
4.6	10.3	9.7	6.6	1.4	18.6
4.8	9.2	10.8			

柠檬酸：$C_6H_8O_7 \cdot H_2O$ 分子量 =210.14；0.1 mol/L 溶液为 21.01 g/L。

柠檬酸钠：$Na_3C_6H_5O_7 \cdot 2H_2O$ 分子量 =294.12；0.1 mol/L 溶液为 29.41 g/L。

六、乙酸－乙酸钠缓冲液（0.2 mol/L）

pH（18℃）	0.2 mol/L NaAc /mL	0.2 mol/L HAc /mL	pH（18℃）	0.2 mol/L NaAc /mL	0.2 mol/L HAc /mL
3.6	0.75	9.35	4.8	5.90	4.10
3.8	1.20	8.80	5.0	7.00	3.00
4.0	1.80	8.20	5.2	7.90	2.10
4.2	2.65	7.35	5.4	8.60	1.40
4.4	3.70	6.30	5.6	9.10	0.90
4.6	4.90	5.10	5.8	6.40	0.60

NaAc·$3H_2O$分子量=136.09；0.2 mol/L溶液为27.22 g/L。无水乙酸11.8 mL稀释至1 L（需标定）。

七、磷酸二氢钾－氢氧化钠缓冲液（0.05 mol/L）

X mL 0.2 mol/L KH_2PO_4+Y mL 0.2 mol/L NaOH加水稀释至20 mL。

pH（20℃）	0.2 mol·L^{-1} KH_2PO_4/mL	0.2 mol·L^{-1} NaOH/mL	pH（20℃）	0.2 mol·L^{-1} KH_2PO_4/mL	0.2 mol·L^{-1} NaOH/mL
5.8	5	0.372	7.0	5	2.963
6.0	5	0.570	7.2	5	3.500
6.2	5	0.860	7.4	5	3.950
6.4	5	1.260	7.6	5	4.280
6.6	5	1.780	7.8	5	4.520
6.8	5	2.365	8.0	5	4.680

八、磷酸氢二钠－磷酸二氢钠缓冲液（0.2 mol/L）

pH	0.2 mol·L^{-1} Na_2HPO_4/mL	0.2 mol·L^{-1} NaH_2PO_4/mL	pH	0.2 mol·L^{-1} Na_2HPO_4/mL	0.2 mol·L^{-1} NaH_2PO_4/mL
5.8	8.0	92.0	7.0	61.0	39.0
5.9	10.0	90.0	7.1	67.0	33.0
6.0	12.3	87.7	7.2	72.0	28.0
6.1	15.0	85.0	7.3	77.0	23.0
6.2	18.5	81.5	7.4	81.0	19.0
6.3	22.5	77.5	7.5	84.0	16.0
6.4	26.5	73.5	7.6	87.0	13.0
6.5	31.5	68.5	7.7	89.5	10.5
6.6	37.5	62.5	7.8	91.5	8.5
6.7	43.5	56.5	7.9	93.0	7.0
6.8	49.0	51.0	8.0	94.7	5.3
6.9	55.0	45.0			

Na_2HPO_4·$2H_2O$分子量=178.05；0.2 mol/L溶液为35.61 g/L。

Na_2HPO_4·$12H_2O$分子量=358.22；0.2 mol/L溶液为71.64 g/L。

NaH_2PO_4·H_2O分子量=138.01；0.2 mol/L溶液为27.6 g/L。

NaH_2PO_4·$2H_2O$分子量=156.03；0.2 mol/L溶液为31.21 g/L。

九、巴比妥钠－盐酸缓冲液

pH（18℃）	0.04 mol·L^{-1} 巴比妥钠 /mL	0.2 mol·L^{-1} HCl/mL	pH（18℃）	0.04 mol·L^{-1} 巴比妥钠 /mL	0.2 mol·L^{-1} HCl/mL
6.8	100	18.4	8.4	100	5.21
7.0	100	17.8	8.6	100	3.82
7.2	100	16.7	8.8	100	2.52
7.4	100	15.3	9.0	100	1.65
7.6	100	13.4	9.2	100	1.13
7.8	100	11.47	9.4	100	0.70
8.0	100	9.39	9.6	100	0.35
8.2	100	7.21			

巴比妥钠分子量 =206.18；0.04 mol/L 溶液为 8.25 g/L。

十、Tris-HCl 缓冲液（0.05 mol/L）

50 mL 0.1 mol/L 三羟甲基氨基甲烷（Tris）溶液与 X mL 0.1 mol/L 盐酸混匀并稀释至 100 mL。

pH（25℃）	0.1 mol·L^{-1} 盐酸 /mL	pH（25℃）	0.1 mol·L^{-1} 盐酸 /mL
7.10	45.7	8.10	26.2
7.20	44.7	8.20	22.9
7.30	43.4	8.30	19.9
7.40	42.0	8.40	17.2
7.50	40.3	8.50	14.7
7.60	38.5	8.60	12.4
7.70	36.6	8.70	10.3
7.80	34.5	8.80	8.5
7.90	32.0	8.90	7.0
8.00	29.2		

Tris 分子量 =121.14；0.1 mol/L 溶液为 12.114 g/L。Tris 溶液可从空气中吸收二氧化碳，使用时注意将瓶盖严。

十一、硼酸 - 硼砂缓冲液（0.2 mol/L 硼酸根）

pH	0.05 mol · L^{-1} 硼砂 /mL	0.2 mol · L^{-1} 硼酸 /mL	pH	0.05 mol · L^{-1} 硼砂 /mL	0.2 mol · L^{-1} 硼酸 /mL
7.4	1.0	9.0	8.2	3.5	6.5
7.6	1.5	8.5	8.4	4.5	5.5
7.8	2.0	8.0	8.7	6.0	4.0
8.0	3.0	7.0	9.0	8.0	2.0

硼砂：$Na_2B_4O_7 \cdot 10H_2O$ 分子量 =381.43；0.05 mol/L 溶液（等于 0.2 mol/L 硼酸根）含 19.07 g/L。

硼酸：H_3BO_3 分子量 =61.84；0.2 mol/L 的溶液为 12.37 g/L。

十二、甘氨酸 - 氢氧化钠缓冲液（0.05 mol/L）

X mL 0.2 mol/L 甘氨酸 + *Y* mL 0.2 mol/L NaOH 加水稀释至 200 mL。

pH	0.2 mol · L^{-1} 甘氨酸 /mL	0.2 mol · L^{-1} NaOH/mL	pH	0.2 mol · L^{-1} 甘氨酸 /mL	0.2 mol · L^{-1} NaOH/mL
8.6	50	4.0	9.6	50	22.4
8.8	50	6.0	9.8	50	27.2
9.0	50	8.8	10	50	32.0
9.2	50	12.0	10.4	50	38.6
9.4	50	16.8	10.6	50	45.5

甘氨酸分子量 =75.07；0.2 mol/L 溶液含 15.01 g/L

十三、硼砂 - 氢氧化钠缓冲液（0.05 mol/L 硼酸根）

X mL 0.05 mol/L 硼砂 + Y mL 0.2 mol/L NaOH 加水稀释至 200 mL。

pH	0.05 mol · L^{-1} 硼砂 /mL	0.2 mol · L^{-1} NaOH/mL	pH	0.05 mol · L^{-1} 硼砂 /mL	0.2 mol · L^{-1} NaOH/mL
9.3	50	6.0	9.8	50	34.0
9.4	50	11.0	10.0	50	43.0
9.6	50	23.0	10.1	50	46.0

硼砂：$Na_2B_4O_7 \cdot 10H_2O$ 分子量 =381.43；0.05 mol/L 硼砂溶液（等于 0.2 mol/L 硼酸根）为 19.07 g/L。

十四、碳酸钠－碳酸氢钠缓冲液（0.1 mol/L）（此缓冲液在 Ca2+、Mg2+ 存在时不得使用）

pH		0.1 mol · L^{-1} Na_2CO_3/mL	0.1 mol · L^{-1} $NaHCO_3$/mL
20℃	37℃		
9.16	8.77	1	9
9.40	9.22	2	8
9.51	9.40	3	7
9.78	9.50	4	6
9.90	9.72	5	5
10.14	9.90	6	4
10.28	10.08	7	3
10.53	10.28	8	2
10.83	10.57	9	1

$Na_2CO_3 \cdot 10H_2O$ 分子量 =286.2；0.1 mol/L 溶液为 28.62 g/L。

$NaHCO_3$ 分子量 =84.0；0.1 mol/L 溶液为 8.40 g/L。

附录 13：SDS-PAGE 配方表

根据目的蛋白的分子量大小选择合适的凝胶浓度，再按照下面的表格配制 SDS-PAGE 的分离胶（即下层胶）：

SDS-PAGE 分离胶浓度	分子量最佳分离范围
6%	（50 ~ 150）× 10^3
8%	（30 ~ 90）× 10^3
10%	（20 ~ 80）× 10^3
12%	（12 ~ 60）× 10^3
15%	（10 ~ 40）× 10^3

成分	配制不同体积 SDS-PAGE 分离胶所需各成分的体积 /mL					
6% 胶	5	10	15	20	30	50
蒸馏水	2.0	4.0	6.0	8.0	12.0	20.0
30%Acr-Bis（29：1）	1.0	2.0	3.0	4.0	6.0	10.0
1 mol/L Tris，pH 8.8	1.9	3.8	5.7	7.6	11.4	19.0
10% SDS	0.05	0.1	0.15	0.2	0.3	0.5
10% 过硫酸铵	0.05	0.1	0.15	0.2	0.3	0.5
TEMED	0.004	0.008	0.012	0.016	0.024	0.04

续表

成分	配制不同体积 SDS-PAGE 分离胶所需各成分的体积 /mL					
8% 胶	5	10	15	20	30	50
蒸馏水	1.7	3.3	5.0	6.7	10.0	16.7
30% Acr-Bis（29：1）	1.3	2.7	4.0	5.3	8.0	13.3
1 mol/L Tris，pH 8.8	1.9	3.8	5.7	7.6	11.4	19.0
10% SDS	0.05	0.1	0.15	0.2	0.3	0.5
10% 过硫酸铵	0.05	0.1	0.15	0.2	0.3	0.5
TEMED	0.003	0.006	0.009	0.012	0.018	0.03
成分	配制不同体积 SDS-PAGE 分离胶所需各成分的体积 /mL					
10% 胶	5	10	15	20	30	50
蒸馏水	1.3	2.7	4.0	5.3	8.0	13.3
30% Acr-Bis（29：1）	1.7	3.3	5.0	6.7	10.0	16.7
1 mol/L Tris，pH 8.8	1.9	3.8	5.7	7.6	11.4	19.0
10% SDS	0.05	0.1	0.15	0.2	0.3	0.5
10% 过硫酸铵	0.05	0.1	0.15	0.2	0.3	0.5
TEMED	0.002	0.004	0.006	0.008	0.012	0.02
成分	配制不同体积 SDS-PAGE 分离胶所需各成分的体积 /mL					
12% 胶	5	10	15	20	30	50
蒸馏水	1.0	2.0	3.0	4.0	6.0	10.0
30% Acr-Bis（29：1）	2.0	4.0	6.0	8.0	12.0	20.0
1 mol/L Tris，pH 8.8	1.9	3.8	5.7	7.6	11.4	19.0
10% SDS	0.05	0.1	0.15	0.2	0.3	0.5
10% 过硫酸铵	0.05	0.1	0.15	0.2	0.3	0.5
TEMED	0.002	0.004	0.006	0.008	0.012	0.02
成分	配制不同体积 SDS-PAGE 分离胶所需各成分的体积 /mL					
15% 胶	5	10	15	20	30	50
蒸馏水	0.5	1.0	1.5	2.0	3.0	5.0
30% Acr-Bis（29：1）	2.5	5.0	7.5	10.0	15.0	25.0
1 mol/L Tris，pH8.8	1.9	3.8	5.7	7.6	11.4	19.0
10% SDS	0.05	0.1	0.15	0.2	0.3	0.5
10% 过硫酸铵	0.05	0.1	0.15	0.2	0.3	0.5
TEMED	0.002	0.004	0.006	0.008	0.012	0.02

注：如果配制非变性胶，参考上述配方，不加 10% SDS 即可配制成非变性 PAGE 胶。10% 过硫酸铵配好后可以在 4℃冰箱放两周，但是最好新鲜配制效果好。

按照下表配制 SDS-PAGE 的浓缩胶（也称堆积胶、积层胶或上层胶）：

成分	配制不同体积 SDS-PAGE 浓缩胶所需各成分的体积 /mL					
5% 胶	2	3	4	6	8	10
蒸馏水	1.4	2.1	2.7	4.1	5.5	6.8
30% Acr-Bis（29∶1）	0.33	0.5	0.67	1.0	1.3	1.7
1 mol/L Tris，pH 8.8	0.25	0.38	0.5	0.75	1.0	1.25
10% SDS	0.02	0.03	0.04	0.06	0.08	0.1
10% 过硫酸铵	0.02	0.03	0.04	0.06	0.08	0.1
TEMED	0.002	0.003	0.004	0.006	0.008	0.01

附录 14：微生物常用培养基

1. 牛肉膏蛋白胨培养基（用于细菌培养）（g/L） 牛肉膏 3 g，蛋白胨 10 g，NaCl 5 g，pH 7.4 ~ 7.6。

2. 高氏 1 号培养基（用于放线菌培养）（g/L） 可溶性淀粉 20 g，KNO_3 1 g，NaCl 0.5 g，$K_2HPO_4 \cdot 3H_2O$ 0.5 g，$MgSO_4 \cdot 7H_2O$ 0.5 g，$FeSO_4 \cdot 7H_2O$ 0.01 g，pH 7.4 ~ 7.6。配制时注意：可溶性淀粉要先用冷水调匀后再加入到以上培养基中。

3. 马丁氏（Martin）培养基（用于从土壤中分离真菌）（g/L） K_2HPO_4 1 g，$MgSO_4 \cdot 7H_2O$ 0.5 g，蛋白胨 5 g，葡萄糖 10 g，1/3 000 孟加拉红水溶液 100 mL，水 900 mL，自然 pH，121℃湿热灭菌 30 min。待培养基融化后冷却 55 ~ 60℃时加入链霉素（链霉素含量为 30 μg/mL）。

4. 马铃薯培养基（PDA）（用于霉菌或酵母培养）（g/L） 马铃薯（去皮）200 g，蔗糖（或葡萄糖）20 g，配制方法如下：

将马铃薯去皮，切成约 2 cm^2 的小块，放入 1 500 mL 烧杯中煮沸 30 min，注意用玻棒搅拌以防糊底，然后用双层纱布过滤，取其滤液加糖，再补足至 1 000 mL，自然 pH，霉菌用蔗糖，酵母用葡萄糖。

5. 察氏培养基（蔗糖硝酸钠培养基）（用于霉菌培养）（g/L） 蔗糖 30 g，$NaNO_3$ 2 g，K_2HPO_4 1 g，$MgSO_4 \cdot 7H_2O$ 0.5 g，KCl 0.5 g，$FeSO_4 \cdot 7H_2O$ 0.1 g， 水 1 000 mL，pH 7.0 ~ 7.2。

6. 麦氏培养基（醋酸钠培养基）（g/L） 葡萄糖 1 g，KCl 1.8 g，酵母膏 2.5 g，乙酸钠 8.2 g，琼脂 15 g，溶解后分装试管，115℃湿热灭菌 15 min。

7. 葡萄糖蛋白胨水培养基（用于 V.P. 反应和甲基红试验）（g/L） 蛋白胨 5 g，葡萄糖 5 g，K_2HPO_4 2 g，pH 7.2，115℃湿热灭菌 20 min。

8. 蛋白胨水培养基（用于吲哚试验）（g/L） 蛋白胨 10 g，NaCl 5 g，pH 7.2 ~ 7.4，121℃湿热灭菌 20 min。

9. 糖发酵培养基（用于细菌糖发酵试验）（g/L） 蛋白胨 2 g，NaCl 5 g，K_2HPO_4 0.2 g，溴麝香草酚蓝（1% 水溶液）3 mL，糖类 10 g。分别称取蛋白胨和 NaCl 溶于热水中，调

pH 至 7.4，再加入溴麝香草酚蓝（先用少量 95% 乙醇溶解后，再加水配成 1% 水溶液），加入糖类，分装试管，装量 4 ~ 5 cm 高，并倒放入一杜氏小管（管口向下，管内充满培养液），115℃湿热灭菌 20 min。灭菌时注意适当延长煮沸时间，尽量把冷空气排尽以使杜氏小管内不残存气泡。常用的糖类有葡萄糖、蔗糖、甘露糖、麦芽糖、乳糖、半乳糖等（后两种糖的用量常加大为 1.5%）。

10. RCM 培养基（强化梭菌培养基）（用于厌氧菌培养）（g/L） 酵母膏 3 g，牛肉膏 10 g，蛋白胨 10 g，可溶性淀粉 1 g，葡萄糖 5 g，半胱氨酸盐酸盐 0.5 g，NaCl 3 g，NaAc 3 g，pH 8.5，刃天青 3 mg/L，121℃湿热灭菌 30 min。

11. TYA 培养基（用于厌氧菌培养）（g/L） 葡萄糖 40 g，牛肉膏 2 g，酵母膏 2 g，胰蛋白胨 6 g，乙酸铵 3 g，KH_2PO_4 0.5 g，$MgSO_4 \cdot 7H_2O$ 0.2 g，$FeSO_4 \cdot 7H_2O$ 0.01 g，pH 6.5，121℃湿热灭菌 30 min。

12. 中性红培养基（用于厌氧菌培养）（g/L） 葡萄糖 40 g，胰蛋白胨 6 g，酵母膏 2 g，牛肉膏 2 g，乙酸铵 3 g，KH_2PO_4 5 g，中性红 0.2 g，$MgSO_4 \cdot 7H_2O$ 0.2 g，$FeSO_4 \cdot 7H_2O$ 0.01 g，pH 6.2，121℃湿热灭菌 30 min。

13. $CaCO_3$ 明胶麦芽汁培养基（用于厌氧菌培养）（g/L） 麦芽汁（6 波美）1 000 mL，$CaCO_3$ 10 g，明胶 10 g，pH 6.8，121℃湿热灭菌 30 min。

14. 乳酸菌培养基（用于乳酸发酵）（g/L） 牛肉膏 5 g，酵母膏 5 g，蛋白胨 10 g，葡萄糖 10 g，乳糖 5 g，NaCl 5 g，pH 6.8，121℃湿热灭菌 20 min。

15. 豆芽汁培养基（g/L） 黄豆芽 500 g，加水 1 000 mL，煮沸 1 h，过滤后补足水分，121℃湿热灭菌后存放备用，此即为 50% 豆芽汁。

用于细菌培养 10% 豆芽汁 200 mL，葡萄糖（或蔗糖）50 g，水 800 mL，pH 7.2 ~ 7.4。

用于霉菌或酵母培养 10% 豆芽汁 200 mL，糖 50 g，水 800 mL，自然 pH。霉菌用蔗糖，酵母用葡萄糖。

16. LB（Luria–Bertani）培养基（细菌培养，常在分子生物学中应用）（g/L） 胰蛋白胨 10 g，NaCl 10 g，酵母提取物 5 g，用 1 mol/L NaOH（约 1 mL）调节 pH 至 7.0，加双蒸馏水至总体积为 1 L，121℃湿热灭菌 30 min。

含氨苄青霉素 LB 培养基 待 LB 培养基灭菌后冷至 50℃左右加入抗生素，至终浓度为 80 ~ 100 mg/L。

17. 伊红美蓝培养基（EMB 培养基）（g/L） 蛋白胨 10 g，乳糖 10 g，K_2HPO_4 2 g，琼脂 25 g，2% 伊红水溶液 20 mL，0.5% 美蓝（亚甲蓝）水溶液 13 mL，pH 7.4。

先将蛋白胨、乳糖、K_2HPO_4 和琼脂混匀，加热溶解后调 pH 至 7.4，115℃湿热灭菌 20 min，然后加入已分别灭菌的伊红液和美蓝液，充分混匀，防止产生气泡。待培养基冷却到 50℃左右倒平皿。如培养基太热会产生过多的凝集水，可在平板凝固后倒置存于冰箱备用。在细菌转导实验中用半乳糖代替乳糖，其余成分不变。

18. 加倍肉汤培养基（g/L） 牛肉膏 6 g，蛋白胨 20 g，NaCl 10 g，水 1 000 mL，pH 7.4 ~ 7.6。

19. 细菌基本培养基（用于筛选营养缺陷型）（g/L） $Na_2HPO_4 \cdot 7H_2O$ 1 g，$MgSO_4 \cdot 7H_2O$ 0.2 g，葡萄糖 5 g，NaCl 5 g，K_2HPO_4 1 g，水 1 000 mL，pH 7.0，115℃湿热灭菌

30 min。

20. YEPD 培养基（用于酵母原生质体融合）（g/L） 酵母粉 10 g，蛋白胨 20 g，葡萄糖 20 g，蒸馏水 1 000 mL，pH 6.0，115℃湿热灭菌 20 min。

YEPD 高渗培养基（用于酵母原生质体融合）（g/L） 在 YEPD 培养基中加入 0.6 mol/L NaCl，3% 琼脂。

YNB 基本培养基（用于酵母原生质体融合）（g/L） 酵母氮碱基（YNB，不含氨基酸，Difco）6.7 g，葡萄糖 20 g，琼脂 20 g，pH 6.2。

YNB 高渗基本培养基（用于原生质体融合）（g/L） 在 YNB 基本培养基中加入 0.6 mol/L NaCl。

附录 15：相对密度和浸出物对照表（部分）

相对密度 20°	浸出物 B g/100g	相对密度 20°	浸出物 B g/100g	相对密度 20°	浸出物 B g/100g	相对密度 20°	浸出物 B g/100g
1.032 0	8.048	1.036 0	9.024	1.040 0	9.993	1.044 0	10.956
1	8.073	1	9.048	1	10.017	1	10.980
2	8.098	2	9.073	2	10.042	2	11.004
3	8.122	3	9.097	3	10.066	3	11.027
4	8.146	4	9.121	4	10.090	4	11.051
5	8.171	5	9.145	5	10.114	5	11.075
6	8.195	6	9.170	6	10.138	6	11.100
7	8.220	7	9.194	7	10.162	7	11.123
8	8.244	8	9.218	8	10.186	8	11.147
9	8.269	9	9.243	9	10.210	9	11.171
1.033 0	8.293	1.037 0	9.267	1.041 0	10.234	1.045 0	11.195
1	8.317	1	9.291	1	10.259	1	11.219
2	8.342	2	9.316	2	10.283	2	11.243
3	8.366	3	9.340	3	10.307	3	11.267
4	8.391	4	9.364	4	10.331	4	11.291
5	8.415	5	9.388	5	10.355	5	11.315
6	8.439	6	9.413	6	10.379	6	11.339
7	8.464	7	9.437	7	10.403	7	11.363
8	8.488	8	9.461	8	10.427	8	11.387
9	8.513	9	9.485	9	10.451	9	11.411

续表

相对密度 20°	浸出物 B g/100g	相对密度 20°	浸出物 B g/100g	相对密度 20°	浸出物 B g/100g	相对密度 20°	浸出物 B g/100g
1.034 0	8.537	1.038 0	9.509	1.042 0	10.475	1.046 0	11.435
1	8.561	1	9.534	1	10.499	1	11.458
2	8.586	2	9.558	2	10.523	2	11.482
3	8.610	3	9.582	3	10.548	3	11.506
4	8.634	4	9.606	4	10.571	4	11.530
5	8.659	5	9.631	5	10.596	5	11.554
6	8.683	6	9.655	6	10.620	6	11.578
7	8.708	7	9.679	7	10.644	7	11.602
8	8.732	8	9.703	8	10.668	8	11.626
9	8.756	9	9.727	9	10.692	9	11.560
1.035 0	8.781	1.039 0	9.751	1.043 0	10.716	1.047 0	11.673
1	8.805	1	9.776	1	10.740	1	11.697
2	8.830	2	9.800	2	10.764	2	11.721
3	8.854	3	9.824	3	10.788	3	11.745
4	8.878	4	9.848	4	10.812	4	11.768
5	8.902	5	9.873	5	10.836	5	11.792
6	8.927	6	9.897	6	10.860	6	11.816
7	8.951	7	9.921	7	10.884	7	11.840
8	8.975	8	9.945	8	10.908	8	11.861
9	9.000	9	9.969	9	10.932	9	11.888
1.048 0	11.912	1.052 0	12.861	1.056 0	13.804	1.060 0	14.741
1	11.935	1	12.885	1	13.828	1	14.764
2	11.959	2	12.909	2	13.851	2	14.764
3	11.983	3	12.932	3	13.875	3	14.787
4	12.007	4	12.956	4	13.898	4	14.834
5	12.031	5	12.979	5	13.921	5	14.857
6	12.054	6	13.003	6	13.945	6	14.881
7	12.078	7	13.027	7	13.968	7	14.904
8	12.102	8	13.050	8	13.992	8	14.927
9	12.126	9	13.074	9	14.015	9	14.950

续表

相对密度 20°	浸出物 B g/100g	相对密度 20°	浸出物 B g/100g	相对密度 20°	浸出物 B g/100g	相对密度 20°	浸出物 B g/100g
1.049 0	12.150	1.053 0	13.098	1.057 0	14.039	1.061 0	14.974
1	12.173	1	13.121	1	14.062	1	14.997
2	12.197	2	13.145	2	14.086	2	15.020
3	12.221	3	13.168	3	14.109	3	15.044
4	12.245	4	13.192	4	14.133	4	15.067
5	12.268	5	13.215	5	14.156	5	15.090
6	12.292	6	13.239	6	14.179	6	15.114
7	12.316	7	13.263	7	14.203	7	15.137
8	12.340	8	13.286	8	14.226	8	15.160
9	12.363	9	13.310	9	14.250	9	15.183
1.050 0	12.387	1.054 0	13.333	1.058 0	14.273	1.062 0	15.207
1	12.411	1	13.357	1	14.297	1	15.230
2	12.435	2	13.380	2	14.320	2	15.253
3	12.458	3	13.404	3	14.343	3	15.276
4	12.482	4	13.428	4	14.367	4	15.300
5	12.506	5	13.451	5	14.390	5	15.323
6	12.530	6	13.475	6	14.414	6	15.346
7	12.553	7	13.499	7	14.437	7	15.369
8	12.577	8	13.522	8	14.460	8	15.393
9	12.601	9	13.546	9	14.484	9	15.416
1.051 0	12.624	1.055 0	13.569	1.059 0	14.507	1.063 0	15.439
1	12.648	1	13.593	1	14.531	1	15.462
2	12.762	2	13.616	2	14.554	2	15.486
3	12.695	3	13.640	3	14.577	3	15.509
4	12.719	4	13.663	4	14.601	4	15.532
5	12.743	5	13.687	5	14.624	5	15.555
6	12.767	6	13.710	6	14.647	6	15.578
7	12.790	7	13.734	7	14.671	7	15.602
8	12.814	8	13.757	8	14.694	8	15.625
9	12.838	9	13.781	9	14.717	9	15.648

附录 16：生物制品生产实训主要名词汉英对照

CO_2 除沫罐 CO_2 foam catch tank
DNA 重组技术 DNA combinant technology
安全阀 Safety valves
凹槽 Groove
板式热交换器 Plate heat exchanger
保温层 Insulation
保温（绝缘）Insulation
报告基因 Reporter gene
必需基因 Essential gene
变性梯度凝胶电泳 Denaturing gradient gel electrophoresis
标尺 Staff gauge
冰水罐 Chilled water tank
玻璃容器 Vitreous utensil
沉淀槽 Whirlpool
沉淀槽 Whirlpool
充氧装置 Aeration
初级空气过滤 Primary air filtration
除尘器 Powder discharge
除尘系统 Aspirating system
除垢 Descale
次级代谢产物 Secondary metabolite
大肠杆菌 E. coli
大片段组装 Large fragment assembly
代谢工程 Metabolic engineering
代谢途径 Metabolic pathway
蛋白质 Protein
挡板，护板 Base plate
等位基因特异性寡核苷酸探针 Allele specific oligonucleotide
滴定台 Titrate stand
底盘细胞 Chasiss cell
底座阀 Bottom seat valve
电导仪 Conductibility apparatus
电炉 Electronic stove
电路 Circuit
电子分析天平 Electronic analytic balance
电子天平 Electronic balance
垫片 Gasket
垫圈 Washer
端口 Terminal
锻造 Forging
多克隆位点 Multiple coloing site
多酶催化体系 Multi-enzyme catalytic system
惰性气体 Purge gas
二硫苏糖醇 Dithiothreitol
二（三）级扩培罐 The 2nd（3rd）stage yeast propagation tank
二通阀 Two-way valves
发酵 Fermentation
发酵罐 Fermentation tank
发酵罐 Fermentation tank
发泡 Foaming
翻译 Translation
翻译后修饰 Post translational modification
反馈控制 feedback control
废酵母罐 Waste yeast tank
分光光度仪 Spectra photometer
分子生物学 Molecular biology
蜂窝夹套 Dimple jacket
辅料 Adjunct
辅料浸出 Extract for adjunct
辅料添加罐 Adjunct dosing tank
负反馈 Negative feedback
耕刀 Raker
耕糟 Grain raking
功能基因组学 Functional genomics
管道安全阀 Piping safety valves
管道过滤器 Pipeline filter
光镜 Light glass
硅橡胶 Silicon rubber
硅藻土储存罐 Kieselgur storage tank

硅藻土过滤机 Candle kieselguhr filter
锅身 Shell
过滤槽 Lauter tun
耗气量 Air consumption
合成生物学 Synthetic biology
核定位信号 Nuclear localizaiton signal
核酸 Nucleic acid
核糖核酸 Ribonucleic acid
核糖体 RNA ribosomal RNA
恒温水浴锅 Constant water bath pan
烘箱 Baking box
糊化锅 Rice cooker
互补 DNA Complementary DNA
滑阀 Slide Valve
环板 Ring plate
环腺苷酸 Cyclic adenosine monophosphate
缓冲罐 Buffering pump
换向阀 / 切换阀 Change-over valve
混合启动子 Mixed promoter
机械搅拌发酵罐 mechanical agitating fermentation tank
基础基因线路 Elementary gene circuit
基因 Gene
基因工程 Gene engineering
基因开关 Gene switch
基因克隆 Gene cloning
基因组 Genome
基因组学 Genomics
基因组整合 Genome integration
基元 Motif
急停开关 Emergency stop switch
计量泵 Measuring pump
加热 Heating
加热介质 Heating media
夹套 Jacket
监控时间 Watch dog time
检测极限 Detection limit
减压阀 Pressure release valve
建模 Modeling
搅拌器 Agitator
酵母 Yeast
酵母缓冲罐 Yeast buffer tank
酵母扩培 Yeast propagation
酵母人工染色体 Yeast artificial chromosome，
节流阀 Restrictor valves/throttle
节流阀 Throttle valves
截面 Section
截止阀 Stop valve
进料泵 CIP feeding pump CIP
进料阀 Feed valve
进料辊 / 喂料辊 Feed roller
浸泡槽 Steeping conditioning chute
浸渍液 Steeping liquor
酒花添加 Hop dosing
酒花添加罐 Hop dosing platform
聚丙烯 Polypropylene
聚丙烯酰胺凝胶电泳 Polyacrylamide gel electrophoresis
聚合酶链反应 Polymerase chain reaction，PCR
聚合酶循环组装 Polymerase cycle assembly
开放阅读框架（可译框架）Open reading frame
空瓶检验机 Empty bottle inspector
空气分配器 Air distributor
扩培罐 Yeast propagation tank
醪液泵 Mash pump
冷碱罐 Cold caustic tank
冷媒 Cool medium / Coolant
冷凝水 Condensate water
冷凝水 Condensate water
冷凝水回收罐 Condensate recovery tank
冷却 Cooling
冷水罐 Cold water tank
离心泵 Centrifugal pump
离心泵 Centrifugal pumps
流量计 Flow meter
流量计 Flow meter
螺母 Nut

螺栓 Screw
麦仓 Grain silo
麦芽缓冲箱 Malt Buffer Case
麦芽浸出 Extract for malt
麦芽湿粉碎机 Malt wet mill
麦芽振动筛 Malt vibrating sieve
麦汁充氧系统 Wort aeration system
麦汁充氧系统 Wort aeration system
麦汁出口管 Malt outlet pipe
麦汁冷却器 Wort cooler
麦汁取样台 Wort Sample Station
麦汁煮沸锅 Wort kettle
酶制剂 Enzyme
密封圈 Seal ring
密码子 Code
模块 Module
模块化 Modularization
磨砂 Dull polish
（内）加热器 Internal Boiler
能量储存罐 Energy storage tank
逆转录 PCR reverse transcription PCR
酿酒酵母 Saccharomyces cerevisiae
酿造水罐 Brew water tank
鸟苷酸 Guanylic acid
排污阀 Draining valves
排糟 Grain removal
培养皿 Culture dish
配电柜 Power distribution cabinet
喷水装置 Steeping liquor separator
批次 Brew/Batch
气动闸板阀 Pneumatic slide valve
气密（耐压测试）Gas-tight test
气升式发酵罐 air lift fermentation tank
气压测试 Pneumatic test
启动子 Promoter
启动子工程 Promoter engineering
亲和层析 Affinity chromatography
清酒罐 Bright beer tank（BBT）
清洗球 Spray ball
球阀 Ball valve
取样阀 Sample valve
取样阀 Sampling valve
全局转录调控 Global transcriptional regulation
染色体 Chromosome
热碱罐 Hot caustic tank
热碱罐 Hot caustic tank
热能回收系统 Energy Recovery System
热水罐 Hot water tank
人孔 Manhole
溶糖罐 Sugar dissolve tank
软水 Soft water
三通 T-Cock
三通阀 Triple valves
三相电压 Three-phase voltage
色度仪 Chroma instrument
杀菌机 Pasteurizer
筛板 Sieve plate
筛选标记 Screening marker
生物催化 Biocatalysis
生物信息学 Bioinformatics
生物元件 Parts
湿麦芽粉碎机 Wet malt milling machine
食品等级 Food grade quality
视镜 Sight glass
视镜 Sight glass
适配体 Aptamer
手动闸板阀 Hand-operated slide valve
疏水阀 Drain valve
输瓶系统 Bottle conveyor
树脂 Resin
双链 DNA double stranded DNA，dsDNA
酸罐 Acid tank
酸洗 Pickle
探头 Probe
糖化锅 Mash tun
糖化间 Brewhouse
糖化醪液泵 Mash tun pump
糖基化修饰 Glycosylation modification

糖浆罐 Syrup tank
填料 Filling
贴标机 Labeller
铁架台 Iron stand
同源重组 Homologous recombination
途径调控 Pathway regulation
托盘天平 Counter balance
脱氧核糖核酸 Deoxyribonucleic acid
脱氧核糖核酸酶 Deoxyribonuclease
微调阀门 Fine adjustment valve
微控开关 Micro-switch
温度传感器 Temperature transmitter
无菌空气 Aseptic air
无菌空气过滤系统 Sterile air filtration system
无压力输送系统 Pressureless conveyor combiner and distributor
吸光测定法 Absorptiometry
吸光度 Absorbance
吸光计 Absorptiometer
吸收 Absorption
吸收池 Absorption cell
吸收光谱 Absorption spectrum
吸收剂 Absorbent
洗球 Spray Ball
洗箱机 Crate Washer
洗糟 Grain washing
洗糟水罐 Sparging Water Tank
细胞工厂 Cell factory
线粒体 DNA Mitochondrial DNA
腺苷二磷酸 Adenosine diphosphate
腺苷三磷酸 Adenosine triphosphate
信使 RNAMessenger RNA
溴化乙锭 Ethidium bromide
旋沉槽 Whirlpool setting tank
旋摇床 Shaking bed
压力传感器 Pressure transmitter
压力传感器 Pressure transmitter
压力计 Pressure gauge
压滤机 filter press
摇床 Shaking bed
液下泵 Under water pumps
液压测试 Hydraulic test
遗传学 Genetics
乙二醇 Glycol
异丙基-b-D-硫代半乳糖苷 Isopropyl-b-D-thiogalactoside
异构化作用 Isomerization
荧光定量 PCR fluorescence quantitative PCR
原料配比 Raw material configuration
在线溶氧仪 On-line oxygen dissolving meter
糟门 Grain discharge flaps
增强子 Enhancer
真空阀 Vacuum valve
真空冷凝器 Vacuum condenser
真空蒸发罐 Vacuum evaporation tank
蒸汽分配器 Steam distributor
蒸汽冷凝器 Vapor condenser
正反馈 Positive feedback
止回阀 Check valve
指示灯 Indication lamp
质粒 Plasmid
致动器 Actuator
终止子 Terminator
种子罐 Seed tank
煮沸锅 Wort kettle
转换 / 开关放大器 Switching amplifier
锥底 Conic Bottom
浊度仪 Turbidity meter
自锁阀 Self-closing valve
走廊 Corridor
组件 Building block
最终麦汁 Cast out